乐活·当下

LOHAS

自然·本相

鹿凤琴　编著

山东大学出版社

图书在版编目(CIP)数据

自然·本相/鹿凤琴编著.—济南:山东大学出版社,2015.10

(乐活·当下)

ISBN 978-7-5607-5298-3

Ⅰ.①自… Ⅱ.①鹿… Ⅲ.①人生哲学—通俗读物 Ⅳ.①B821-49

中国版本图书馆CIP数据核字(2015)第142741号

责任策划:徐琳琳　郑琳琳
责任编辑:徐琳琳　郑琳琳
封面设计:张　荔

出版发行:山东大学出版社
社　址　山东省济南市山大南路20号
邮　编　250100
电　话　市场部(0531)88364466
经　销:山东省新华书店
印　刷:济南华林彩印有限公司
规　格:700毫米×1000毫米　1/16
9.5印张　93千字
版　次:2015年10月第1版
印　次:2015年10月第1次印刷
定　价:24.00元

PREFACE

前言

有这样一群人,他们关心生病的地球,也担心自己生病,于是发起了一种新的生活运动。他们吃健康食品,穿天然材质的衣物,使用二手的家居用品;他们骑自行车或者步行,练瑜伽健身;他们注重个人成长,听心灵音乐……他们希望以此让自己变得心情愉悦,身体健康,光彩照人。

乐活,就是这样一种追崇身心健康、快乐、环保、可持续的时尚生活的理念与方式,由"LOHAS"音译而来。"LOHAS"是英语"Lifestyles of Health and Sustainability"的缩写,意为健康及自给自足的生活形态。无论是生活方式上的低碳环保,还是心灵深处的静心修炼,乐活都如同清新的空气,给我们当下快节奏、高强度、大压力的生活增添了更多盎然的生机和绿意。崇尚乐活、热爱生活的"乐活族"应运而生。

"当下"则是佛经里讲的最小时间单位。1 分钟有 60 秒,1 秒钟有 60 个刹那,1 刹那有 60 个当下。也就是说,1 秒钟就是 3600 个当下。把时间切到很小很小的单位,当下就是永恒。后来,"当下"这个佛教用语,就被广泛借用于民间了。

于丹说,我们在这个世界上承担重任时,不应像一个苦行僧那样去忍辱负重,而应该快乐地举重若轻。同样是重,为啥不轻盈地把它举起来呢? 生命有诸多不如意,人能活着感觉到的就只有当下。我们要把握当下美好的日子,享受当下的每一个时刻;我们要扼住那些倒霉的日子,把它变得美妙起来。我们要果敢地去追求幸福,活着一日就要幸福一日。

乐活,就要在当下!

"乐活 · 当下"就是这样一套让你每日都乐活的智慧幸福书系,它让你在每一篇小故事中获得很大的幸福。降低自身的欲望,放慢生活的节奏,平缓自己的呼吸,减少浮躁的行动,逐渐体验当下的慢生活、简单生活、宁静生活与悠闲生活的价值与趣味。让笑容回归,让灿烂重现。

乐活在当下,恬淡是首先要做到的事情。然而喧嚣的世界,怎么能容许我们恬淡自在呢? 除非我们真的有勇气拔掉插头,不看电视,不听音乐,不上网,不驾车,真正探寻自己内心需要的东西,不依赖于物质,不受诱惑,给欲望一个合适的距离,才不会随波逐流,被物欲扰乱本性,在世俗中迷失自己。非如此,无以恬淡。幸福生活并不是让我们躲进空门,远离尘世。空门不是幸福的终点,尘世亦非万丈深渊。

快乐幸福的生活有时候真的很简单,即不被物欲所累,生活淡泊质朴,心境平和宁静。幸福,人人触手可及,在任何时候都可以“光临”我们。只要我们能做到——恬淡为上,由纷繁复杂回归简单质朴,自在于自然的本相,懂得给欲望一个适当的距离。

乐活在当下,就是每一个人幸福生活的开始。

编者

2015年10月

CONTENTS

第一章

自然生活是什么

◎ 生活的重量
◎ 积极面对“灰色”心情
◎ 负重而行最安全
◎ 永远别说不可能
◎ 毫毛分秒变大楼
◎ 拐弯遇见阳光

时代在前进,人们的烦恼、忧愁却在增加,劳累和伤心也在不断地增多。这种状况的存在,是因为我们的胸襟不够开阔,还是因为我们的内心不够放松?是因为我们的灵魂覆盖了太厚的浮尘,还是因为我们的心灵充斥了太多的欲望?有人抱怨自己的薪水太低,有人抱怨自己的住房太小,有人觉得自己得到的关心太少,有人觉得自己的幸福不够多。其实,究其原因,不过是我们不懂得生活,想索取的太多而付出的又太少。

生活的重量

生活属于自己。生活是沉重的还是轻松的，完全取决于我们怎么看待它。

有人说生活就是问题的叠加，生活中的烦恼一个接着一个，需要你去面对、去解决。如果你不懂得如何摆脱这些问题，它们就会如同阴云一般，时刻盘结在你头顶。反之，当你懂得放下生活中的种种烦恼，生活就会变得轻松、简单。

有一个富有的商人，觉得自己被沉重的生活压得喘不过气来。于是，他找到了智慧老人，想请老人为自己指点迷津。

他虔诚地对老人说："先生，我很希望能得到您的帮助，我的生活实在太糟糕了。虽然在生意场上我挣了很多钱，但是在生活中人们却对我冷酷无情。现在的生活，对于我来说，就像是一场没有硝烟的残酷斯杀。我该怎么办呢？"

老人捋了捋自己雪白的胡须，对商人说："你应该停止斯杀。"

面对老人给出的答案，商人思考了很久，却仍不知所措，他只能带着迷惑离开。糟糕的生活依旧困扰着他，他变得焦虑不安，稍有不顺便责骂他人。这样一来，身边的人与他越来越疏远了。一年过去了，他被生活折磨得筋疲力尽，已无力与人争吵。这时，他又想到了智慧老人，于是再次前去请教。

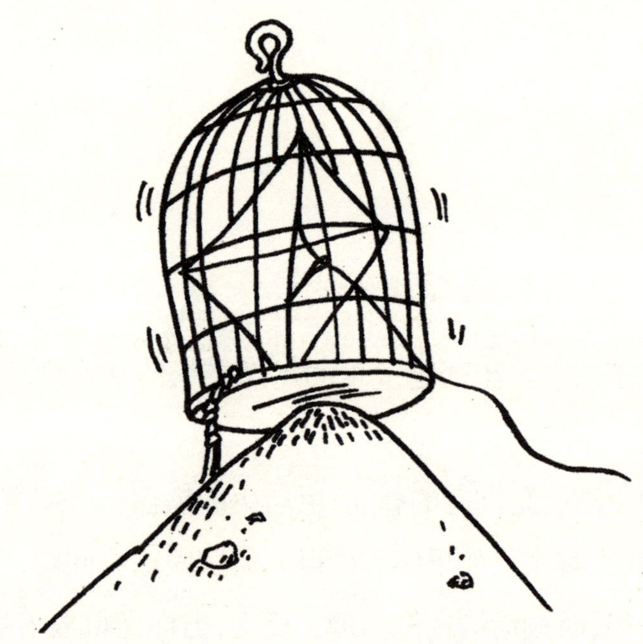

“先生，请您再给我指点一下吧。我现在累了，不想争也斗不动了。但是，生活还是如一副重担压在我的肩膀上。我现在又该怎么办呢？”

“扔掉你的担子。”老人回答。

商人觉得老人的回答不过是在敷衍他，于是他很气愤地离开了。

商人又回到了自己沉重的生活当中。接下来的日子里，他的生意遭遇重大挫折，最终破产了。他变得一贫如洗，就连结发妻子也带着孩子们离他而去。孤立无援的他，又一次找到了智慧老人。

他沮丧地对老人说："我已经一无所有了，钱没有了，亲人也没有了。我现在的生活，只剩下悲伤了。先生，我该怎么做？"

"抛开你的悲伤。"老人平静地回答。

这一次，商人得到老人的回答后并没有离开。他留在了老人居住的山上，远离尘世间的一切喧闹与繁华，每天坐在一个角落里沉思。

一天，不知他想到了什么，突然悲从中来，号啕大哭。这一哭便一发不可收拾，接下来的几个月，他每天都在不停地流泪。

最后，他的眼泪哭干了。他透过窗户看着窗外的风景。此时正是清晨，他迎着和煦的阳光，从阴暗的角落里走了出来，又一次找到了智慧老人。

"先生，请您一定要告诉我，生活到底是什么？"

老人抬头看了看天，微笑着回答道："生活，就是新的一天加上新的一天，每天都有新面孔，每天都有新风景。当太阳照常升起，新的一天就又来到了。"

生活的重量源自于内心，不管是沉重还是轻松，都由自己的心态来决定。商人是用显微镜看生活，因此他锱铢必较，烦恼重重；智慧老人则是用望远镜看生活，因此他看得到未来，看得到更高、更远的风景。

积极面对"灰色"心情

现代社会，人们穿梭在城市里，每天都要不停地工作，"灰色"心情就成了在所难免的事情。

人都是有七情六欲的，生活中少不了喜怒哀乐。人会生气也会发愁，会有烦恼也会有忧虑，会悲伤也会感觉无聊……面对这些纷繁复杂的情绪，我们该用怎样的方式处理，才能不影响生活和工作呢?

老一辈人常说，生命伴随号啕开始，就应该笑对生活。

工作只是我们生命的一部分。我们工作是为了更好地生活，工作使我们获得薪酬，为生活提供保障，同时也会产生压力，产生"灰色"心情。所以如何处理好工作中产生的"灰色"心情，快乐度过每一天就成了现代人的一门必修课程。

让自己快乐并健康地工作，值得每个人为之而努力。治理"灰色"心情，在"疏"而不在"堵"。最简单有效的方式就是顺其自然，学会疏导自己的情绪。

有一个学经济学的学生小刘,毕业后去了一所学校当老师。这所学校所在的城市虽然不够繁华,但是工作环境和待遇都相当不错。几年过去了,小刘的生活虽已达到了小康水平,但他工作得却并不快乐。

一天中午,小刘给他大学的老师打电话,在电话中他抱怨不断,甚至表示想辞去现在这份工作,老师忙问其原因。原来,新学期即将开始,校长让小刘写一份开学致辞,以欢迎新同学,激励老同学。但是,不管小刘怎么写,校长都不满意。因此,他不得不反复地修改稿子。然而,看完已经修改到第七遍的稿子,校长依旧将小刘批得一无是处,甚至还说他的大学白读了。小刘虽然是理科出身,但是他一向觉得自己的文字功底不错,现在竟然被校长这样责骂,不但郁闷至极,还积压着愤怒。

听完小刘滔滔不绝的抱怨,老师对他说:"事已至此,再多的抱怨也无济于事，不如先去吃饭，把自己的温饱问题解决了。”但是，小刘仍纠结于致辞稿，不停地说着自己心中的不满，根本听不进老师的建议。最后，他的老师又说：“既然这篇致辞得不到校长的肯定，索性就先放下它，出去放松一下，寻找一个新的思路再写，说不定能收到意想不到的效果。”小刘听了之后，觉得有道理，便接受了老师的建议，挂断了电话。

几天之后，小刘又打电话给自己的老师。不过，这次不是抱怨，他写的致辞最终得到了领导和听众的赞美。

人们常说：“职场如战场，自然会有赢有输，有得有失。”职场之中，我们难免会受到领导的批评和他人的责怪。我们需要注意的是，面对批评，不要垂头丧气；面对责怪，不要轻言放弃，走进死胡同。谁都会遭遇坏情绪，一定要懂得选择正确的方式去疏导，千万不要让自己的“灰色心情”无边地蔓延。

譬如鲧和大禹治水。鲧用息壤堵塞洪水，希望把水挡在外面，但是没有成功；大禹却采取了疏导的办法，把百川引入海里，最终取得了成功。对待在工作中遇到的“灰色心情”，我们也应该疏导，而不是堵塞。

因势利导，顺其自然，才能用平和积极的心态战胜“灰色心情”，才能保持生活的自然本相。

负重而行最安全

一位老渔夫带着几个徒弟出海捕鱼，航行途中突然遭遇了强大的风暴。渔船在海浪中摇荡着，随时都有倾覆的危险。面对着疯狂咆哮的大海，年轻的徒弟们惊慌失措，拼命叫喊，有的人甚至哭了起来。

在这个生死关头，老渔夫果断下达命令："马上把船上所有的货仓打开，往里边灌水！"

众人听到这个命令，都惊呆了。渔船就快难以支撑了，再灌水岂不是加速死亡？面对犹豫不决的众人，老渔夫又重复了一遍自己的命令。看着老渔夫坚定的神情，众人在半信半疑中打开了货仓。说来奇怪，风浪并没有变小，但是随着货仓中水位的升高，渔船竟然逐渐平稳下来，不再剧烈地摇晃了。过了很久，大海终于恢复了平静，众人松了一口气，把一直悬着的心放回了肚子里。

徒弟们开始问老渔夫："为什么要打开货仓灌水呢？"老渔夫抽了一口手中的旱烟，对徒弟们说："你们要知道，被大风刮倒的都是没有根基的小树。那些扎根于深层土壤的大树，是可以抗击风暴的。再比如，一只空着的木桶，漂浮在水中很容易被风浪打翻；但是，如果你装上水，使它有了重量，这时风浪再想打翻它，就没那么容易了。船也是如此，只有负重的时候才是最安全的。”

众人听完，若有所思。

对于一艘遭遇风暴的船来说，负重时是最安全的，人又何尝不是如此呢？我们在生活的海洋中前进，难免会遇到大风大浪，只有不断地给自己增加分量，才能不惧怕风浪，安然前行。

从前，在一座寺庙里有一个小和尚。他是寺院收养的孤儿，由寺里的众僧抚养长大。小和尚既勤奋又懂事。每天早上，他都会早早起床，第一个去做饭、打扫、做早课，忙完这些之后，他还会跑到山后的集市上为寺里购买一些日常用品。晚上，他总是认真地读经，最后一个去休息。春去秋来，小和尚每天都重复着这样的生活。转眼间，十年就过去了。

一天，小和尚忙完所有的事情，便和其他的僧人坐在一起聊天。聊着聊着，他突然发现，在众多的师兄弟当中，只有自己是最繁忙的。就拿购买日用品来说，其他僧人都是去山前的集市购买，而师父总是让他去山后买。山前的道路平坦，距离集市也近，师兄弟们购买的又都是一些轻便的东西。自己呢？山后的道路又远又坎坷，自己还要背着很重的物品，比师兄弟们劳累多了。小和尚觉得师父对自己很不公平，便去问师父："师父，为什么大家都过得比我轻松呢？"师父听了，只是微微一笑，却没有作答。

第二天，师父等小和尚从山后购物回来，把他带到了山门前。师父没有说明目的，小和尚只得跟着师父站在一旁。

时间一点点地过去了，太阳将要落山的时候，下山的师兄弟们陆续归来。此时，一直静默不语的师父开口说话了："你们早上便下山去买盐，路途近而且平坦，怎么现在才回来？"众人没想到师父会这么问，便如实回答说："路虽然很近，也十分平坦，但是我们一路上欣赏风景，说笑之间便耽误了时间。多年以来，我们一向如此，师父为何今日这么问呢？"师父没有回答，转过身问站在身边的小和尚："寺庙离山后的集市很远，山路崎岖不平，你又要扛着那么重的东西，怎么比他们回来得早呢？"小和尚回答说："正因为路远，我才想着要早去早回；正因为背着重物，我才要走得更快。时间长了，这已经成了我的习惯。我一心想着要做的事，哪有时间顾及路边的景色？"听完小和尚的回答，师父笑了："这就对了，路途平坦，负重太少，心便脱离了目标；而负重走在崎岖的路上，就能专心致志，从而磨炼自己的心志。"

又过了一段时间，寺里要推选新的住持，经过数年磨炼的小和尚脱颖而出。他在众僧羡慕的目光中，虔诚地接过了师父传递的经卷。

如果生命的担子太轻，精神就会随之变得空虚，这样的人生就会缺少含金量。缺少负重的生命，就如同掉落的羽毛，只会随风漫无目的地飘飞；而有负重的生命，就如同静立于土地之上的磐石，即便风雨再大，也能安如泰山。

永远别说不可能

罗伯特·安东尼在其《提高自信心的秘诀》一书中说:“面对半杯水,有人说杯子一半是满的,有人说杯子一半是空的。他们说的都是事实,却分属两种不同的思维方式。前者是积极的,后者是消极的。”

1969 年,澳大利亚的一个普通家庭迎来了一个新生命。这个孩子出生时只有可乐瓶那么大。由于患有严重的先天残疾,他脊椎以下的部位没有发育,两条腿无法行走,即便是假肢也无法安装。等到 17 岁的时候,他不得不接受了截肢手术。更加不幸的是,29 岁时他又患了癌症。病痛使他不能像正常人一样走路。为此,他不但要经受来自身体的折磨,还要饱受别人的歧视。但是,就是这样一个失去了双腿,被病痛折磨着的人,最终成了一位运动健将。

他就是世界上著名的激励大师——约翰·库提斯。在世界上的 190 多个国家里,他用自己的人生经历激励过 200 多万人。他所承受的生活压力比你、比我要多上千倍,但他却依然能笑对人生。

人们说，上帝一定是用另外一副模子铸造了他。他的全部生命几乎都在与恐惧、孤独、侮辱、病痛甚至死神抗争，但他最终成了生活的胜利者。由此看来，生活的压力绝对压不死人，种种劳累也累不死人，而钻心的痛恰恰证明你还活着。只要有一颗坚强的心，生活的压力将永远不会成为你成功路上的阻碍；相反，如果能将压力转化为动力，你就离成功更近了一步。承受住了生活的重压并取得成功的约翰 · 库提斯回想往事时说："这个世界，充满了伤痛和苦难。有的人在烦恼，有的人在哭泣。面对命运，人应该拥抱痛苦，笑对人生，而不只是与之苦斗。任何苦难都必须勇敢面对，如果赢了，则赢了；如果输了，就是输了。一切都有可能，永远都不要说不可能。"

不管你觉得自己多么不幸，这个世界上总有人比你更加不幸；不管你觉得自己多么了不起，这个世界上总有人比你更加了不起。只要生命还在，就没有什么不可能。千万不要对自己说“不可能”，相信自己，下一个奇迹或许就是你。

毫毛分秒变大楼

法国文学巨匠雨果说过:“人有两种眼睛,一种是生理上的眼睛,一种是心灵上的眼睛。如果没有心灵的眼睛,则看不到人的心灵,看不到灵魂的东西。”在充满竞争的社会里,生活中的各种压力犹如烟尘一样熏呛着每一个人,连带着我们的内心,也蒙上了一层厚厚的尘土。

在一座寺庙里,有一个小和尚,他每日都认真地做功课。他一直想知道人的内心究竟有多大,但这一点,佛经没有告诉他。

有一天,他带着自己的疑问找到了师父:“师父,弟子想知道一个人的内心有多大。要怎样才能够知道心的大小呢?”

师父对小和尚说:“你闭上眼睛,给你一分钟的时间,你在心里造出一根毫毛来。”

于是,小和尚闭上了眼睛。一分钟过去了,师父问小和尚:“时间到了,毫毛造好了吗?”

“造好了，它已经在我心里清清楚楚地呈现了，又尖又细。”小和尚回答。

“现在再给你一分钟的时间，你在心里建造一座佛塔。”师父又说。

小和尚不明白师父的用意，但还是很听话地闭上眼睛，开始在心里建造佛塔。七级的佛塔，一分钟之内便在小和尚心中成形了。庄严的形状、威武的棱檐、光彩照人的琉璃瓦，他甚至连塔里面的设计和摆设都想好了。关于佛塔的一切，小和尚在一分钟之内想得清清楚楚、明明白白。

一分钟很快过去了，师父问小和尚：“佛塔建好了吗？”

小和尚骄傲地回答：“里面的佛像都已经供奉好了。”

师父又笑着问道：“现在你知道心的大小了吗？”

小和尚仍旧茫然地摇了摇头。

“同样是一分钟的时间，你可以用心造出一根毫毛，也可以建造出一座佛塔。心，本就可大可小。当你把心缩小时，你会变成人们常说的‘小心眼儿’；当你把心扩大时，它可以变得如同宇宙一样广阔无边。”

中国有句古话说：“宰相肚里能撑船。”其实，我们的心不光可以如“宰相的肚”，也可以穿越古今，包容天地。大千世界充满着无尽的变幻，我们的心总能用空间去容纳、去接受。要知道，只要扩大心胸，就能够容纳整个世界。

拐弯遇见阳光

王老师的女儿从小学习小提琴演奏，虽然没有达到专家级水平，但也算是非常好的。可是不知道为什么，到了高三，孩子遇到了学琴以来最大的困难——在很长一段时间内，无论她怎么努力，琴技都没有提高。眼看就要高考了，孩子的学习成绩也徘徊不前。

孩子小提琴和学习成绩都止步不前的情况，让王老师非常着急。本来要参加小提琴选拔赛的孩子作出了一个让王老师惊讶的决定：她想放弃参加小提琴选拔赛，改报音乐教育专业。

按理说，王老师的女儿已经有多年的小提琴根底，如果通过了小提琴选拔赛，高考成绩只要及格就行。将来即使当不了独奏家，进个乐队还是很有希望的，完全没有必要因为高考放弃自己的小提琴。

家长和老师都不理解孩子的决定，就问孩子原因。

孩子说："我从小就学小提琴，觉得自己除了能拉琴之外，好像其他的什么都不会了。但是，在小提琴方面，我又不是最出色的，等到我不拉琴了，我该靠什么生存呢？”

原来孩子在为自己的前途担忧，这位聪明的女儿用自己的理由说服了父母。在她的坚持之下，她最终报了音乐教育专业。很多人为她感到可惜，觉得她放弃小提琴演奏是一大遗憾，但是她却不以为然，坚持走好自己选择的道路。

后来,王老师的女儿被一所大学录取了,攻读音乐教育专业,她渐渐地变得轻松起来。四年的大学生活中,她接受到很好的音乐教育方面的训练。同时,她还经常到广播电台或者传播公司做实习生。凭借自己优秀的理论和实践功底,她毕业后进入一家不错的电视台,负责音乐传播工作。

后来,她又获得了出国留学的机会。在留学期间,她在一家交响乐团兼职,小提琴也拉得越来越出色了。这个时候,大家才为孩子当初的决定鼓掌。谈起自己的经历,她说:“或许通向成功会有一条直路,很多人都会选择走这条路,但是当这条路上人满为患的时候,它就不能使你最快地到达成功的峰顶了。这个时候,拐个弯,或许你就能找到你要的阳光。”

第二章

本相明，心即安

在经济和科学技术迅猛发展的今天,人们习惯了快节奏的生活。每天穿梭于城市楼宇间不停地工作,慢慢地,人们变得越来越浮躁,越来越急功近利。“天下熙熙,皆为利来;天下攘攘,皆为利往。”金钱、地位、名利成为人们竞相追逐的目标,随之而来的是无边无际的烦恼和忧愁。许多人仿佛失去了孩子般的感知力,总觉得世界一片黑暗。

其实,人之所以会感觉沉重,是因为我们让金钱、地位等驾驭了我们的生活,失去了单纯、平静的平常心。心若平常,便不会沉溺于喜,也不会沦陷于悲。只有让我们的心归于平静,遵循事物的发展规律,才能达到自然的境界,才能遗忘俗世中扰人的名利荣耀,体会生命的本真。

成功需要循序渐进

世上没有一朝可成之事，但有些人总是不顾事情的发展规律，企图一夜之间达到目的。

凡事刚开始做时，一般是没有显著成果的，而人们却急于求成，希望一下子就抵达目的地。用俗话说，就是总想"一口吃成个大胖子"。结果，往往事与愿违。

有一个人听说远古时期燧人氏能钻木取火，于是想验证一下真伪。他找来两根木棍，相互摩擦取火。刚开始时，他使劲地摩擦，但始终没有看到火星，急性子的他非常失望。没过多久，他觉得累了，就想歇一会儿再继续。休息片刻之后，他又开始试验了，但是之前摩擦出来的温度在他休息的这段时间里已经冷却了。就这样反反复复，他每次摩擦的时间都不够持久，以至于他摩擦了又摩擦，却还是没见效。最终，他感到筋疲力尽，决定停止这次试验。在整个过程中，他不只感到疲倦，随着试验的进行，他还变得越来越灰心丧气，直至最后他得出了这样一个结论：钻木取火根本就是不可能的。

事实上，虽然这个人反复地摩擦两根木棍，但他总是在未达到木棍燃点的时候就停止，当然不可能见到火。其实，火一直潜藏在那里，只是他不懂得坚持到底。

这个故事说明，只有让我们的心归于平静，遵循事物的发展规律，循序渐进，才能脱离烦恼，获得成功。生命就像一场修行，需要我们不断地去体验，否则就不会有充满智慧的领悟，也无法体味生活的真谛。

保持一颗平常心

师父和徒弟一起出寺云游，过了很久才回到寺庙里。他们打开寺庙大门一看，三伏的天气，寺院里竟一片枯黄，满眼的衰败景象。

徒弟看着实在难受，就对师父说："师父，不如我下山去买点儿种子，撒在院子里吧。"

师父摇摇头说："不要着急。"

徒弟问道："那什么时候撒呢？"

师父回答："随时。"

过了几天，师父下了一趟山，带回来一包种子。他把种子拿给小和尚，对他说："种子买来了，去种吧。"

小和尚拿着师父给的种子，兴高采烈地去种了。谁知道，他刚把种子撒下，一阵大风吹来，把很多种子都吹跑了。

小和尚着急了，跑到师父面前说："师父，不好了，刚撒下的种子被风吹跑了一大半！"

师父听了，却不慌不忙地说："没事，须知刮走的那些种子都是空的，即便留下也不会发芽。"

小和尚又问："现在怎么办呢？"

师父说："随性。"

小和尚挑起水桶，去附近的河里挑回水来，准备给种子浇水。哪知，回来的时候他发现院子里多了很多小鸟，这些鸟儿在土里一阵刨食，把刚种下的种子刨出来吃了。小和尚赶忙放下水桶，连轰带赶地驱走了小鸟，然后对走过来的师父说："师父，事情太糟糕了，种子都被鸟刨食了。"

师父拍拍徒弟的肩膀，说道："不要悲伤，种子不会被吃完的。"

小和尚又问师父："现在又该怎么办呢？"

师父回答："随遇。"

夜里，小和尚听到外边刮起了狂风，下起了暴雨，十分担心院子里的种子。第二天清晨，他早早起来去院子里查看。看完之后，小和尚跑到师父的房间，几乎是哭着对师父说："师父，这下白忙活了，一场大雨把院子里的种子都冲走了。"

师父却仍旧平静地说："种子冲到哪里都是种子，都会发芽。"

"那没有长在院子里，岂不可惜了？"

"随缘。"师父说道。

一晃几天过去了，那些撒下的种子都发芽了，就连原本没有播种的地方，也出现了诱人的新绿。看着充满生机的院子，小和尚高兴地对师父说："师父，那些种子都发芽了！本来以为剩余的不多，没想到院子里都长满了啊。"

师父点点头说："原本就应该如此。"

徒弟疑惑地问师父："师父不觉得很惊喜吗？"

师父依然平静地说："随喜。"

范仲淹曾说："不以物喜，不以己悲。"但是放眼天下，几人能为之？不管是随时还是随性，也不管是随遇、随缘乃至随喜，不过是要我们保持一颗平常心。心若平常，便不会沉溺于喜，也不会沦陷于悲，唯有如此，才能得到"也无风雨也无晴"的洒脱快意。

丢掉那些烦恼

有一对年轻的夫妻，他们同为一所小学里的老师。虽然二人的工资不高，生活过得也很简朴，但是能够一起吃一日三餐，能够一起上班、下班，他们觉得很愉快，也很满足。每天回到家里，他们都会聊一些班里学生的事情，共同探讨教育方法。丈夫是一个幽默的人，妻子的性格又很爽朗，二人的生活常常充满了欢笑。

这对夫妇的邻居，是一个有钱的商人。因为经营有方，他的生意风生水起，这些年来挣了不少钱。但是，富有并未使他过上开心幸福的生活；相反，他每天都在为金钱苦恼，在家的时候怕被偷，出了门又怕被抢，每天都提心吊胆。

富商几乎每天都能听到隔壁夫妻欢乐的笑声，这让他很不痛快。虽然他们住在同一个小区的同一幢大楼上，而且还是邻居，但是富商知道，这对夫妇的生活与自己的相差太远了——他有豪车，而他们没有；虽只有一墙之隔，但自己的房子比他们的不知要大多少。自己唯独缺少的就是他们的欢声笑语。

有一天，商人坐在自己的办公室里闷闷不乐，秘书问他："您有什么不开心的事吗？"

商人不高兴地说："我的隔壁住了一对夫妇，他们的房子很简陋，生活也很清贫，但是每天都过得很快乐。我住在豪华的房子里，开着恐怕他们一辈子都买不起的豪车，有令人羡慕的地位，有大把大把的金钱，为什么却得不到他们的那种快乐呢？"

秘书想了想说："您如果觉得自己的生活充满烦恼，想要拥有快乐，就试着把自己的烦恼送给他们一些吧。"

商人好奇地问："烦恼怎么能送人呢？"

“您有很多金钱,却整天为钱而担忧,您不妨送 100 万给他们,这样一来,烦恼自然也会随之而去的。”秘书回答说。

于是,商人按照秘书所说的,送给那对夫妇 100 万元,并承诺是无条件赠送给他们的。

原本生活得很清贫的夫妇,突然收到这么一大笔钱,欢喜得不得了。但是得到钱的当天晚上,看着这些钱,这对夫妇却不知道该如何处理。无论把钱放在哪里,他们都觉得不安全。就这样,整整一个晚上,他们都在为了这笔钱的安全而发愁。这一夜,这个家里没有了往日的笑声,忧虑取代了快乐。

第二天早上,疲惫的夫妇终于想通了,他们决定不再为这 100 万元钱而提心吊胆。于是他们敲开了商人的房门,把 100 万元原封不动地还给了他,并对商人说:“这原本就是您的烦恼,现在还是物归原主吧。”

生活中,我们需要正视金钱的价值,金钱能给我们创造更好的生活条件,但我们不能让金钱驾驭我们的生活,给我们增添烦恼。主宰个人生活的应该是我们自己,而不是金钱。

单纯的喜悦

有一个小女孩为了让妈妈不再早起送她上学，就对妈妈说以后她自己走着去上学。妈妈拗不过女儿，就答应了她的请求。

尽管如此，妈妈还是担心孩子在路上会遇到危险。因此，每天女儿走后，妈妈都会悄悄地跟在后边；等到放学的时候，也偷偷地走在她身后不远处。就这样默默地跟了几天之后，妈妈发现孩子真的可以一个人上学，就放心地让她一个人往返于学校和家里了。

有一天，就在小女孩吃完早饭准备出门时，天空突然变得阴沉沉的。眼看着就要下雨了，妈妈充满了担忧。

小女孩背起书包，拿起放在门口的小花伞，像往常一样独自去上学。这时候，妈妈不放心地说："马上就要下雨了，今天妈妈送你去学校吧。"

"不用了，妈妈。我带着小花伞呢，我可以一个人去。"小女孩说着，向妈妈摇了摇手中的伞。

就在小女孩出门不久，黑沉沉的天空就开始出现闪电，同时伴随着阵阵的雷声。想着孩子肯定还没有走到学校，妈妈更加担心了。雨越来越大，雷声也越来越响，闪电如同利剑一样不断地刺破黑暗的天空，妈妈担心孩子一个人走在街上会害怕，更担心孩子会遇到危险。于是，她匆匆地出了门，开着车顺着去学校的那条路，搜寻小女孩的身影。

妈妈焦急的目光穿过密集的雨幕，越过路上的一个个行人。终于，她看到了女儿。只见女儿一个人撑着自己的小花伞，虽然下着大雨，整条路上积满了雨水，但她却满不在乎，蹦蹦跳跳，玩得不亦乐乎。细心的妈妈发现，每一次闪电划过天空时，女儿都会停下脚步，举着手里的伞抬头往天上看，然后露出一个大大的笑脸。

看着女儿的动作，妈妈很是不解，她把车子停在路边，让女儿钻到车里。然后，她边把毛巾递给女儿边问："你刚才一个人在做什么呢？"

小女孩高兴地对妈妈说："妈妈，一直有闪光灯在亮，上帝在帮我拍照呢，要笑一笑才能照出漂亮的照片呀。"

这个时候，又一道闪电划过，小女孩兴奋地指着天空说："妈妈快笑一下，上帝还在拍照呢！"说完，自己先露出了一个大大的笑脸。

看到孩子的状态，妈妈才意识到自己的担心是没有必要的。女儿有一颗单纯美好的心灵，这颗心让她拥有了自己应对问题的方法，并时时刻刻保持快乐。即便遇到风雨，她也可以笑着去面对。

很多人都在寻找快乐。其实,生活中的困难掩盖不了快乐的色彩,只是我们缺失了单纯的心,给快乐蒙上了烦琐而沉重的幕布。

放下才能快乐

以前有个富翁，虽然生活无忧，但他却过得十分不开心，整天忧愁满面，身体也出现了各种各样的毛病。他听说海南有一个圣僧在出售一种叫“快乐”的法宝，只要有了那个法宝，人的每一天都会过得快乐无比，再也没有任何忧愁。于是，他将家里的财产都变卖掉，背起积蓄就出发了。

富翁走了很远，每天都过得提心吊胆。他背后的袋子里装着他所有的积蓄，一旦丢了，不但不能买法宝，还有可能从此沦为乞丐。

由于不敢轻易将财宝拿出来换取自己需要的食物，富翁一直忍饥挨饿，直到走得筋疲力尽。

这天，他终于走不动了，跌倒在一个玩耍的小孩身边。

小孩看到这个衣衫褴褛的人明明没有力气了却还死死地背着一个硕大的袋子，不禁笑了起来。

富翁看到小孩子在笑，非常气愤地问：“小孩儿，你笑什么？你难道没看到我现在很痛苦吗?”

小孩子说:“就是看到你这样痛苦,我才笑啊!”

富翁不解地问:“为什么呢?”

“你明明都没有力气了,却还背着那么大一个袋子,我从来没有见过这样的笨蛋,所以我才笑啊!”

富翁听完幡然领悟:这一路走来,自己一直背着这一袋子的金银财宝,白天走在路上怕被人抢劫,晚上投住旅店怕遇到小偷。时间久了,感觉背上的袋子越来越重,自己的腰都快被压弯了。长时间的忧虑和劳累加起来,自己当然会痛苦。

其实,人的烦恼大部分都来自虚无的想象以及对事情的过分担心。过多的担心会阻塞快乐的源泉,只有保持平和、单纯的心境,才能领悟到快乐的真谛。

无忧无虑是幸福的底线,大部分人却往往做不到。我们总是觉得要忧愁的事情太多,甚至有些人像少年一样“为赋新词强说愁”,好像只有这样才能显示自己拥有高深的学问,只有故作忧愁才能让自己像大师一样获得世人的敬仰。

真的是这样吗?

非也。人只有不被烦恼缠绕,才能有精力创造自己的世界,才能将各种想法付诸现实。如果忧愁、烦恼占据了你生命的主要部分,成为你生活的主旋律,那么你哪里还有时间去做更加有意义的事情呢?

当今世界,每个人似乎都有说不清道不明的忧愁。打个电话,对面传来的往往是唉声叹气,还有人干脆将“郁闷”作为口头禅。

虽然每天都被阳光照拂，却仿佛失去了孩子般的感知力，总觉得世界一片黑暗，甚至在面对煦暖的阳光时竟觉得是一种炙热的煎熬。

每个人都有一个属于自己的“袋子”，它附着在每一个人的肩上。你之所以觉得生活沉重，是因为在袋子里放入了太多的东西。金钱、名利、地位等都会增加袋子的承重。每增加一份重量，生活便丢失一份轻松；每增加一份重量，生命便多一份忧愁。人生在世，能装进袋子里的东西有很多，哪一种值得你背负，哪一种不值得你劳累，完全依赖于自己的选择。

保持内心的宽广

在一间狭小的、只有十平方米的牢房里关押着一个囚犯。这个窄小的牢房只有一个小小的窗户，既阴暗又潮湿。囚犯被关在这一方小天地中，不能活动，感觉很不自在。他的内心充满了委屈、难过、愤慨和不平。在他看来，这囚禁他的小牢房，就如同恐怖的人间地狱。于是，囚犯不再认真地服刑，而是不断地抱怨，成日里怨天尤人。

一天，正当囚犯坐在牢房里发呆的时候，从窗户里飞进一只苍蝇。牢房里原本很安静，对比之下，苍蝇的“嗡嗡”声显得很突兀。但这只苍蝇好像并不害怕坐着的囚犯，自从它进了牢房，便一直不停地乱飞乱撞，丝毫没有停止的意思。

囚犯本来就心情烦闷，现在又多了一只苍蝇前来捣乱，更是加重了他的心病。终于，忍无可忍的囚犯站了起来，准备拍死这只恼人的苍蝇。等了一会儿，苍蝇终于停在了墙面上，囚犯小心翼翼地靠近它，但苍蝇却没有给他机会，拍着翅膀飞走了。就这样反反复复，囚犯总是不能得手。每一次眼看就要拍到时，苍蝇都会灵敏地逃离。

不知道换了多少种方法，扑了多少次，囚犯都没能把那只苍蝇拍死。最终，囚犯筋疲力尽，不得不坐下来休息。他气喘吁吁地盯着仍旧很活跃的苍蝇，突然意识到：在这间小小的囚房里，自己竟然连一只苍蝇都捉不到，可见，这间囚房并没有他想象的那样小。

这个故事,大概就是在印证“心中有事世间小,心中无事一床宽”的道理吧!

其实,外界环境的大小、宽窄并不重要,重要的是我们的内心世界。只要内心宽广,即便是生活在一个狭窄的牢房里,也能感觉到大千世界的美好;而那些内心狭小的人,即使住在豪华的别墅里,也会时时感到忧虑、烦躁。一个人只有保持内心的宽广,才能不计较周围环境的好坏。

希望就在转角

有一位商人，很早便进入社会打拼，由于很有经济头脑，他赚了很多钱。但好景不长，经济环境不景气，再加上投资失误，商人破产了，而且还欠下一身的债务。

面对事业的打击、朋友的冷漠以及跟着自己受苦的亲人，商人绝望了，他想到了自杀。

一天深夜，商人来到河边，想要结束自己的生命。当他准备往河里跳的时候，突然看见一位少女坐在河边暗自垂泪，便上前询问："姑娘，您有什么伤心事？为何三更半夜坐在河边哭泣？"

少女听到有人询问，哭得越发伤心了："我男朋友把我抛弃了，我很爱他，没有他我不知道该怎么活，所以我想到了自杀。"

商人不解地问："你在遇见他之前，活得怎么样？"

少女回答："那时候我活泼开朗，每天都过得开开心心的。"

"以前没有他，你过得很快乐。为什么现在没有他，你却活不下去了呢？"商人又问。

经商人这么一问，少女的心结突然就解开了。她放弃自杀的念头，并感谢商人对她的开导。

在少女的感谢声中，商人想到了自己的状况："她没有男朋友之前活得那么开心，那么我呢？我以前没有钱的时候又是怎么活的呢？我也可以重新奋斗啊！"

正当商人沉浸在自己的思考中时，少女也反过来问他："先生，您三更半夜来这里做什么呢？"

想通后的商人回答说："我住在这附近，来这里只是因为睡不着，出来散散步而已。"

我们在生活中总会遇到失败和挫折，转念想想，现在得而复失的处境和从前未曾拥有的时候是一样的，何必想不开呢？前方并非绝路，希望就在转角。

豆腐账

在一座古老的禅院旁边,有一家豆腐店。禅院里众僧所吃的豆腐,都是由这家豆腐店的老板亲自送来的。每次到禅院送豆腐的时候,老板总会不经意地看一眼禅堂,想看清楚里边的摆设。但是,不知道为什么,每次他来的时候禅堂都是门窗紧闭。这样一来,豆腐店老板更想进禅堂一探究竟。

在那个时候,禅堂是庄严的“圣地”,不是所有人都能随便出入的。但是,豆腐店老板抑制不住自己的好奇心,他找到管理禅堂的师父,希望他能让自己进禅堂参一次禅。师父看出了他的诚意,便在角落给他安排了一个位置。

第一次走进禅堂的老板,好奇地看着四周的摆设,坐在自己的座位上东看西瞧。此时,尽管禅堂里坐了很多的僧人,但仍然寂静无声。

对于参禅,豆腐店老板一窍不通。他看着周围的僧人都眼观鼻,鼻观心,坐定之后就不再动了,他也便照着样子参禅打坐。在这样安静的环境中，他的心逐渐静了下来。这么多年来，他一直忙于生计，当他静下心来的时候，很多往事便浮上心头，一幕幕就好像发生在昨天一样，令他记忆犹新。

参完禅之后，他挑着担子回到家中。之后的时间里，他逢人便说参禅很好。有人便问他好在哪里，他回答说："就在我学着众位师父静心参禅的时候，我突然就想起来，很久以前老王买豆腐还欠我五块钱呢！"

这个故事当然只是一种戏谑。参禅的作用并不是让我们回忆起生活中的那些"豆腐账"，而是让我们的内心变得澄净，让我们暂时远离人世间的喧哗和是非，让我们的灵魂进入空明的境界。

其实做人和修禅一样，只有让心静下来，才能达到自然的境界，才能暂时抛却人世间纷扰的"豆腐账"，遗忘俗世中扰人的名利荣耀，体会生命的本真。

第三章

你有多少烦恼

◎ 五指争大
◎ 拥有一颗平实不乱的心
◎ 空杯与满杯
◎ 视力与偏见

有对联曰：

青山本不老，为雪白头。

绿水原无忧，因风皱面。

这副对联告诉我们：人应该是自由自在的，远离烦恼和忧虑。那些因“雪”而来的苦闷，那些因“风”而来的忧愁，原本就不属于我们自身。须知，雪融化了就会不留痕迹，风吹过了就了无踪影，那些所谓的苦闷和忧愁，只是人们自寻烦恼罢了。

五指争大

比较是人生的痛苦之源。

有一天，趁主人睡着了，五个手指头开始争论究竟谁是老大。

经过一阵激烈的辩论，它们商定出一个评比的办法，那就是各自举出实例，来证明自己能够担任老大的身份。办法商定后，它们就开始各自寻找证据了。

几分钟过去了，大拇指带着骄傲的神情开始说话了："你们应该知道，每当夸赞一个人的时候，大家总是会竖起大拇指。我代表着'第一'，代表着'最好'，当然应该是老大！"

对于大拇指的话，其他四个手指都不以为然。食指说："你们知道为什么大家叫我'食指'吗？因为'民以食为天'，我代表着食物，就是老百姓的天，所以理所应当我是老大！"

中指也不甘示弱了，说："我们五个站在一起，我居于中间，并且是最长的那一个，理所当然我是老大！"

无名指也不服气，振振有词地说："看见我身上戴着的戒指了吧！人们结婚时用的那些金戒指、钻石戒指，都是套在我身上。就凭我拥有的这些财富，就凭我这满身的珠光宝气，当然我最适合做老大！"

无名指的话音刚落，其他三位就开始不赞同了，你一言我一语地争论起来。

从头到尾只有小拇指没有说过一句话。不知过了多久，其他四个手指终于发现了这一情况，于是带着些许傲慢地问道："你怎么不说话啊？难道你不想当老大吗？还是说你找不到证据证明自己优秀？"

小拇指谦卑地回答："我不知道什么事情能当作证据，但是我知道，当人们向自己尊敬的人行礼时，当人们对圣贤和佛祖合掌致敬时，我是最靠近圣贤和佛祖的那一个。"

听了小拇指的话，其他四个手指突然沉默了，都陷入深深的思考中。要想成为老大，不能靠名誉、地位、金钱等来吸引别人的羡慕与嫉妒，而要靠自己对他人的尊敬、友爱、慈悲以及由此获得的拥护。只有那些能够谦虚处世的人，只有那些懂得放低自己的人，才是真正的"老大"。

很多人都不满足于自己的地位，拼了命地想站在更高层，为此，每日里绞尽脑汁，忧心忡忡。其实，只有拥有仁慈、宽容、谦卑、友爱的美德，才能真正提升一个人的地位。

拥有一颗平实不乱的心

很久以前，有一个婆罗门教徒想要猎杀一只猎物做祭品。他进了山里，辛辛苦苦地捕获到一只山羊。

婆罗门教徒高兴地扛着山羊准备回家。在路上他遇见了三个狡猾的骗子。骗子们盯着那只肥美的山羊，私下商量着说："我们去把他的山羊骗过来，今天晚上就有羊肉吃了。"接着，他们便设计出一个圈套，假装他们三个互不认识，先后朝婆罗门教徒走去。

第一个骗子假装与婆罗门教徒擦肩而过，然后用充满调侃的口气对他说："您背上的这条狗看起来很不错，它一定很勇猛吧？一定帮您猎杀了很多猎物。但是真可惜，它死了。"

婆罗门教徒听了，赶忙解释："您怎么能乱说呢？我怎么会把一条狗扛在肩上呢？这明明是一只山羊。"

骗子同情地说："我知道您心里难过，但这确实是一条狗。"说完，骗子就离开了。

这时，第二个骗子登场了，他来到婆罗门教徒面前，伸手摸了摸山羊说："这狗皮很不错，如果做成衣服，冬天穿在身上一定很暖和。"

"这明明就是一只山羊啊！"教徒赶忙澄清。

但是骗子却摇摇头往前走了。

第二个骗子刚走，第三个骗子就来了，他开口说道："你是婆罗门教徒吧？你怎么能做出这么荒唐的事情呢？你看看自己，你有神圣的祭绳、念珠、水钵，还有额前的圣点。但是，你为什么背着一条狗行走在大街上呢？"说完，他也随着前两个骗子的脚步往前走了。

听到三个人都说自己肩上背着的是一条狗，婆罗门教徒也开始纳闷了，于是便把猎物放到地上好好检查了一番。他仔细地摸了摸山羊，查看了它的耳朵、角、尾巴和身体的其他部位后，低声说道："这明明就是一只山羊，三个愚笨的家伙，竟然会把它当成狗。"检查完之后，他背起山羊继续往前赶路。

慢慢地，他就赶上了前面的三个骗子。看到婆罗门教徒越走越近，三个骗子回头对他大声喊道："不要靠近我们，离我们远一点儿！你这个婆罗门教徒，竟然敢跟狗接触，你将来肯定会变成一个凶残的猎人！"说着，他们便急急忙忙地跑开了。

婆罗门教徒又开始疑惑了，他们三个人为什么坚持说这是一条狗呢？一个人这么觉得也就罢了，三个人都这么认为，难道我真的看错了吗？就这样，他越想越害怕，越想越觉得自己肩上背的是一个会咬人的狗怪，它会千变万化，所以逃过了自己的眼睛。

慢慢地，恐惧笼罩了他的全身，他吓得不敢再查看肩上的猎物，赶紧放下山羊，慌慌张张地跑开了。那三个骗子等到婆罗门教徒跑远了，就拖走那只肥美的山羊，美美地大吃了一顿。

有时候，人生中的烦恼和恐惧都来源于别人。你要相信自己，不要轻易被他人的话蒙骗。正如故事中所讲，有的人是存心要玩弄你。因此，一定要坚定自己的意志，坚信自己的想法，不要让那些心怀恶意的人阴谋得逞。

空杯与满杯

为了让孩子们更加健康快乐地成长，一位细心的老师每周都会给孩子们上一堂充满智慧的哲理课。

一天，又到了哲理课的时间了。老师把一只空玻璃杯放到讲桌上，然后倒进满满一杯水，问大家："这个杯子里现在有什么？"

同学们齐声回答："一杯水。"

接着，老师把水倒出，将桌子上的粉笔放到了杯子里，又问："现在，杯子里有什么呢？"

同学们又一次齐声回答："粉笔。"

听完同学们的回答，老师把杯子里的粉笔拿出，又把杯子放到了桌子上，问同学们："有谁能回答我现在这个玻璃杯里装满了什么？"

大家不明所以，杯子里明明什么东西都没装，为什么老师还要这样问呢？于是大家你看看我，我看看你，最后回答说："老师，这个杯子里什么东西都没装。"

听了同学们的回答,老师启发性地问道:“大家想想,还有没有其他不同的答案?”

孩子们坐在座位上,面面相觑。

接着,老师又继续问:“大家真的认为杯子里什么东西都没有吗?”

同学们乖巧地点了点头。

“同学们,杯子里其实是有东西的,这里边不是装了满满一大杯空气吗?”老师继续问。

听了老师的话,同学们恍然大悟。

的确,谁能否认玻璃杯里装满了空气呢?

我们的双眼习惯看到有形的物质,却往往会忽略那些无形的东西。空气是我们片刻也离不开的,却也是我们最容易忽略的。一只玻璃杯可以装没有固定形态的液体,比如水;也可以装有固定形态的东西,比如粉笔;当然它也可以装无形的东西,比如空气和阳光。

其实,我们的人生也如同一只杯子,既可以装有形的东西,也可以装无形的东西。你可以装入钞票、金银,也可以装入梦想、精神。当你没有财富来填充生命的“杯子”时,你还可以用梦想、精神、爱、快乐、宽容、幸福来装满它。

属于你的那只玻璃杯是满的吗? 它里面装的是什么呢?

视力与偏见

在一列驶往波士顿的火车上，紧挨着的两个座位上分别坐了一个年轻人和一位老者，老者是一个盲人。

年轻人刚刚博士毕业，碰巧的是，他的博士生导师也是一位盲人，所以年轻人跟老者交流起来没有什么障碍。在火车上，年轻人一直很照顾这位盲人老者。

当时洛杉矶种族暴乱很严重，他们聊着聊着就聊到了社会上的种族偏见问题。

通过交谈，年轻人得知老先生出生在美国南部。在那里，黑人一直处在社会的底层。对于老人而言，他从小就被灌输“黑人低人一等”的观念，他家的佣人全是黑人。在南部生活的时候，他从来没有跟黑人一起吃过饭，上过学。长大之后，老人去美国北部念书。一次，大家要举办野餐会，他是负责人。制作请帖时，他竟写上了“我们保留拒绝任何人的权利”这样的文字。如果是在南部，这句话的意思其实就是“我们不欢迎黑人”。看到这个请帖之后，全班人哗然。因为这件事，老人当时还被系主任训了一顿。

老人还说，那时如果在便利店或者餐馆等地方遇到黑人店员，结账的时候他总会把钱放在柜台上，以避免跟黑人有任何肢体接触。

年轻人听到这里，笑着对老人说："这样说来，您自然是不会跟黑人结婚了。"

老人也跟着笑了:"当然不会了,我那时候觉得任何白人与黑人的婚姻都是让整个白人家族蒙羞的事情。"

但是,老人接下来讲了另外一件事,正是这件事情使他改变了自己的想法。

大学毕业后,老人到波士顿读研究生。一次意外的车祸使他双眼失明了。为了使自己有能力应对以后的生活,他进入一家盲人重建院学习盲文,学习如何依靠手杖走路等。慢慢地,他终于能独立生活了。

"但是,因为双眼失明,我再也无法得知我遇到的究竟是黑人还是白人。这个问题一直困扰着我,我不得不去咨询我的心理辅导员。双眼失明后我一直很信赖他,把他当成我的良师益友,什么心事都会告诉他,他也会尽力开导我。"

"当我把分不出黑人白人的困扰告诉他时,他却告诉我,他本人就是黑人。我当时非常震惊,但是很快地,我的那些偏见就全部消失了。"

"要知道,对于变成盲人的我来说,肤色已经毫无意义了,我只要知道对方是好人还是坏人就足够了。"老人很认真地说。

老人讲完自己的故事时,火车也即将到达波士顿车站。老先生感叹道:"我没有了视觉,但也因此丢掉了偏见,我觉得这是一件很幸福的事。"

当他们走出车站的时候,老人的太太已经在月台上等候多时。年轻人看着两位老人亲切热情地相拥,而老人的太太竟是一位满头银发的黑人。

在当今社会，大部分人的视力都很正常，但是他们却有着太多的偏见，这些偏见最终都化成了生活中的烦恼。这是多么不幸的一件事。

第四章

语默动静体安然

◎ “命中注定”
◎ 摇摆不定难进步
◎ 车上的凹洞
◎ 厚积方能薄发
◎ 你也是别人的一棵树

一个小男孩来到海边,看到沙滩上的一些浅水洼里有许多被暴风雨卷上岸的小鱼。由于浅水洼中水很少,也许用不了多长时间,这些小鱼就会被干死。于是,小男孩不停地弯腰捡起水洼里的小鱼,再用力扔回大海。有个大人看见了,走上前对他说:“这么多小鱼,你救不过来的。”

小男孩边捡鱼边说:“我知道啊。”大人愣了愣,说道:“你既然知道,为什么还在扔?谁会在乎你的做法?”小男孩仍不停地捡着鱼,回答道:“小鱼在乎!”

有人说,雷锋时代已经过去了,但雷锋精神却永不过时。这个世界依然需要热心肠,需要关爱,需要互助。助人为快乐之本。也许我们做一件好事帮不了很多人,但即便只能帮一个人也是好的,也是有意义的。

“命中注定”

小张出生在一个传统又保守的农村，那里的人大部分都烧香拜佛，他们相信一个人的一生如何发展都是命中注定的。在这种环境的熏染之下，小张自然也对命运之说深信不疑。

在他们的村子里，有一位远近闻名的算命先生，每天都有很多人找他算命。小张的母亲也带着他去测算了一下生辰八字。算命先生一看到小张，就笑着对他说：“小张啊，单从你的相貌来看，你就是一个有福缘的人啊。”

小张听了之后非常高兴，兴奋地问：“先生，我的八字怎么样啊？”

算命先生仔细核算了一番，更加笑得合不拢嘴了，说：“恭喜恭喜啊！你的命格奇佳，在40岁之前就能赚到很多钱了。”

当时，小张刚刚高中毕业，没有考上大学。听了算命先生的话，小张的心中充满了斗志。从此以后，他迅速从高考失利的阴霾中走了出来，找到一份工作，努力打拼。

几年之后，小张积蓄了一笔钱，开了一家装修公司。每当心力交瘁或遇到困难时，小张总会想起算命先生说过的话，于是便恢复了精神。由于待客诚恳，小张的公司生意很好，几年下来就开了好多家分公司。不到40岁的时候，小张已经成为朋友圈中最有钱的人了。

到小张35岁时，有一天母亲突然对他说："儿子，你是下半夜出生的，当时实在太痛了，具体时辰没有记清楚。前两天我遇到了给我接生的那个产婆，说到了你的生日，我才知道准确的时间。"

这天，小张恰好有事去找那位算命先生，顺便把自己的准确生辰告诉了对方，希望算命先生可以再为自己测算一下。这时算命先生年纪已经很大了，不再给人算命，因为小张是熟人，勉强答应了。

算命先生推算了一阵子，对期待多时的小张说："你这个生辰八字不太好啊。根据推算，你命格清苦，是一辈子辛苦操劳的命。要想得到比较安定的生活，要多多积累善缘才行啊。"

算命先生的话，把小张的心打入了谷底。从此以后，这个推算时时困扰着他，让他对自己的生活和工作充满了担忧，他没有心情再安心做生意。慢慢地，公司业务越来越差，最终走向了衰败。

到了小张40岁的时候，他穷得只剩下自己住的房子了。曾经的大老板，如今落得如此地步，很多人都替他惋惜不已。但是小张每次都会说："这些都是命中注定、无法改变的事情啊。"

有人说："心态决定成败。"一个人的心态将最终决定他命运的方向。抛去对成败得失的忧虑，保持良好的心态，执着于事情本身，才能赢得一个自己想要的"命格"，这才是我们真正的"命中注定"。

摇摆不定难进步

老和尚带着小沙弥出去云游。一路上，他们翻山越岭，走过茂密的丛林，也穿过潺潺的流水。不管走到哪里，总是老和尚轻轻松松地走在前面，而小沙弥则背着两个人的行囊跟在后边。就这样，两个人做着伴，走过了很多地方。

有一天，小沙弥看着老和尚在前面走得逍遥自在，而自己却背着沉重的行囊走得很艰辛，便对老和尚说："难得修成人身来世间走一遭，却还要在这短短的几十年里经历风雨，去世之后再历经六道轮回之磨炼，真是痛苦啊！不过，幸好我们是修行之人。我一定要认真修行，立志成为菩萨，将来普度众生。"

老和尚似乎没有听见小沙弥宏大的愿望，他停下脚步，对小沙弥说："你已经背了很长时间的行囊了，现在把东西交给我，你走在前面吧。"

小沙弥不知道师父为什么会这么说，但还是按照指示，将手中的行囊给了老和尚，自己走在前面。

这么多天以来，小沙弥第一次卸下肩上的包袱，他轻松得脚步都要飘起来了。就这样走了一段时间，小和尚边走边看路边的风景，感觉无比逍遥自在，于是他又对老和尚说："师父，佛经里说，菩萨的布施，一定要顺应众生的需要，可是天下生活在苦难中的人那么多，怎么才能普度完呢？这样的生活实在太辛苦了，倒不如就过这种独善其身的生活，也乐得逍遥自在。"

老和尚仍旧没有表态，只是对小沙弥说："我走累了，还是你来背着行囊，走在我的后边吧。"说着，老和尚把手里的包袱交给了小沙弥，小沙弥只得又背起了行囊。

走了一段路程之后，小和尚禁不住又开始抱怨："做人到底还是苦的，悲喜无常，变幻莫测。我刚才还那么开心，一转眼就变得忧伤了。看来，凡夫俗子的心是很容易动摇的，我还是修行成菩萨吧。那样的话，我就可以脱离众人之苦，与神结缘，普度众生了。"

老和尚听了，停下脚步，面带微笑地对小沙弥招手："来，把行囊给我，你还是走前面吧。"

小沙弥走到前面之后，又变得轻松自在起来。这种轻松自在，再一次使他放下了修成菩萨的决心。他向老和尚说出了自己的想法。接着，老和尚又让他背着行囊走到了后边。

就这样反反复复地，小沙弥不断地下决心，又不断地反悔。直到他第三次跟老和尚说自己想放弃修行时，老和尚变得严肃起来了。这时候，小沙弥才想起来问老和尚一路上反反复复的意思："师父，您今天是怎么了？为什么一会儿让我空手走在前面，一会儿又让我背着行囊走在后边呢？"

老和尚悠悠地叹了一口气，说道："为师知道你有心去修行，但是你的道心不稳。觉得人生困苦时，你就大发宏愿；一旦轻松起来，你就没有了修行的决心。照你这样进进退退，修行到什么时候才能有所成就呢？"

听师父说完，小沙弥觉得自己的修行之心确实不够坚定，很是惭愧。

从此以后，小沙弥安心地背起行囊走在了老和尚的身后，即便老和尚让他走在前面，他也拒绝了："师父，我已经下定决心要好好修行，认真地建立自己的根基，一步一步逐渐精进。"

老和尚听了，欣然一笑。

我们从小就被教育要树立远大的志向。然而，发大心、立大愿容易，但真正做到持之以恒、坚持不懈地达成自己的目标却不容易。唯有无论遇到何种困难、受到什么样的诱惑，都能坚定信念、不断进步，才能最终实现理想，达成目标。若三心二意、三天打鱼两天晒网，就只能永远与失败为伍。

车上的凹洞

有一位年轻的总裁，开着新买的豪车，以较快的速度行驶在小区的街道上。

街道上有很多人在散步。看着这辆豪华的汽车驶过，人们都投来羡慕的目光。年轻的总裁心里洋洋得意，美滋滋地驾驶着汽车继续前行。

就在汽车经过一片僻静的空地时，突然有个小男孩把一块砖头丢向了汽车，崭新的车上瞬间多出一个凹洞。看着心爱的车受损，年轻的总裁赶忙减慢车速，停了下来。

他跳出车外，走到那个扔砖头的孩子面前，生气地问道："你这个孩子太调皮了，你知道你这属于什么行为吗？"

孩子赶忙诚恳地道歉："先生，对不起，我……"

还没等他说完，总裁又吼道："道歉是没有用的，你知道这辆车值多少钱吗？你知道自己要赔多少钱来修理它吗？你为什么要做这样的事？"

“先生,我向您的车扔砖头,是想让您停一下车。”说着,小男孩便哭了起来。

总裁有点儿好奇了:“你让车停下来做什么?”

“我有一个弟弟,他从小就坐在轮椅上,刚才一不小心从轮椅上掉了下来。爸爸、妈妈没在家,我一个人没办法把他抬上去。”说着,孩子哭得更大声了,“先生,他受伤了,您能帮忙把他抱回轮椅上吗?”

看着孩子充满恳求的眼睛,年轻的总裁深受感动。于是,他随着小男孩回到了他的家里,把小男孩的弟弟抱到了轮椅上,并找了一些纱布和药,给他弟弟的伤口做了简单的处理。

看到弟弟安全了，小男孩终于松了一口气。他把总裁送到门口，满怀感激地对他说："先生，谢谢您的帮助，上帝一定会保佑您的。您可以把您的地址告诉我，等爸爸、妈妈回家了，我们出钱给您修车。"

总裁摸了摸孩子的小脑袋，笑着说："不必了，我的车买了保险。"之后，总裁便离开小男孩的家，向自己的车走去。

但是，当年轻总裁回到车上的时候，他便下定决心不修车了。他要一直保留车上的这个凹洞，因为它时刻提醒着自己：不要等到别人向自己扔砖头时，才意识到自己生活的脚步已经走得太快。

生命，原本就匆匆易逝，何必再去加快它消逝的速度？学会给自己停留的时间，让自己与心灵对话。别等到有"砖头"把你砸疼的时候，你才意识到需要去关爱他人，需要去享受生命的每次呼吸。

厚积方能薄发

古时候，有一位宫廷画家，山水画画得很好。有一天，皇帝突然传召，让他画一只雄鸡。

皇帝问他："画一只雄鸡，你多长时间可以画好？"

因为自己不擅长画鸡，画家考虑了一下，回答说："一年。"

一年之后，皇帝召见画家来画当初约定的那张雄鸡图。画家仅仅用了五分钟的时间，就把雄鸡图画好了。看着画中栩栩如生的雄鸡，皇帝气愤地说："这么快就能画好的一幅画，你为什么要让朕等一年？"

画家诚恳地对皇帝说："陛下先不要责怪微臣，我带您到我的画室一看，您就明白了。"

于是，画家带着皇帝来到了自己的画室。画室里到处都是画家画的雄鸡图。原来，这一年的时间里，画家一直都在苦苦练习。他现在之所以能如此快速地画出栩栩如生的雄鸡，正是用这日日夜夜的苦练换来的。

无独有偶。

有一位国画大师，最拿手的就是泼墨。一张宣纸、一砚墨汁，只要到了他的手里，就能成就一幅充满生命和灵气的山水画。原本平淡无奇的墨汁，经过他的渲染，就成了一种艺术。

另一位同样擅长国画的大师，看过他作画之后，觉得泼墨技巧也不过如此。于是，回家之后，他也在自己的画室里尝试泼墨。但是，无论怎么努力，他都得不到自己想要的效果。

最后，这位尝试者找到那位泼墨大师，向他寻求经验。原来，那位大师已苦练泼墨技巧20年。20年来，他一直坚持不懈，不知道用掉了多少毛笔，画完了多少宣纸，耗费了多少墨水，甚至还摔坏了无数的砚台，才练成如今炉火纯青的泼墨技艺。

这个世界上，有很多人站在高处的舞台上，光彩照人；也有很多人站在低处，仰望着高处的繁华，或羡慕，或嫉妒。其实，世界上哪有成功的捷径？哪有一蹴而就的胜利？人们只看到了镁光灯下成功人士的光鲜，却忽略了他们在背后付出的努力。

《汉书 · 董仲舒传》中说："临渊羡鱼，不如退而结网。"与其花时间去羡慕或嫉妒别人的成就，不如静下心来，用这些时间来提升自己的能力。只有自己足够强大了，才不会永远站在低处仰望别人。只有静下来埋头苦干，才能让自己也绽放光彩。

你也是别人的一棵树

有一个人，他不管做什么工作都很失败，以至于穷困潦倒。一天深夜，他从梦中惊醒，越想越绝望，越想越没有了活下去的勇气。于是，他起身出门，爬到了一处悬崖上，准备跳崖自杀。

跳崖之前，他回想起自己一路走过的艰辛，忍不住号啕大哭。哭声惊动了悬崖边生长着的一棵低矮的树，树开口问这个人为什么哭。人向树哭诉了自己的经历，涕泪交流。树听了人的遭遇，也情不自禁地跟着哭了起来。

人看见树流泪，疑惑地问："你为什么也哭呢？难道是同情我的遭遇吗？"

树边哭边回答说："听了你的讲述，我突然想到了自己。"

"你也有相似的不幸吗？"人问道。

"综观全世界的树，我恐怕是命最苦的了。你看看这四周的环境，悬崖上全都是岩石，没有一方土壤，也没有水源经过。凶猛的大风、炙热的光照和寒冷的冰霜使我的枝干得不到伸展，所以才会生长得如此低矮丑陋。我还要忍着疼痛，努力将自己的根深入到岩石里，不然风一来我就会被吹倒。这样的生活，我也是生不如死啊！”说着，树哭得更厉害了。

“那你又何必受这些折磨呢？不如跟我一起赴死吧，咱们也好做个伴。”人向树提议说。

“但是，我不能死啊。”树对人说。

“为什么不能死呢？你的命不是你自己决定的吗？”人不解地问道。

“你看这四周，除了我就没有其他的树了。你再看看我的枝头，那里有一个鸟巢，里边还住着两只喜鹊呢。它们靠着这个巢来繁衍生息，如果我不在了，它们两个就没地方住了。”树解释说。

听了树的话，原本打算跳崖的人，默默地从悬崖边退了回去。看到人的这一举动，树问道：“你不跳了吗？”

人摇摇头：“不跳了，我还有老婆孩子要养活呢。”说完，便离开了。

每个人的生命都不是自己一个人的。即便渺小和卑微，即便痛苦和无奈，对于关爱你的人来说，你也是一棵可以依靠的树，你也活在他们的悲欢之中。

第五章

药方在你手里

◎ 幸与不幸全在你
◎ 懂得放手
◎ 寻找自己的大海
◎ 良药苦口
◎ 要黄金还是要毒蝎
◎ 助人即是助己

修心,就如同医生开给病人的药。

病人拿到药之后,反复阅读药瓶上的说明,甚至将药的配方都熟记于心了,但却始终不见成效。慢慢地,病人病情加重,已走到了死亡的边缘。他临死之时仍然紧盯着药瓶上的说明,他的心里充满了怨恨,觉得开药方的医生无能,觉得药物没有丝毫疗效,但是他却忘了审视自己。一直以来,他只是花时间研究药瓶上的说明,却没有按照要求服用药物。他忘记了,即便再好的药,如果不亲身去服用,也永远不能够让自己痊愈。

如果说生活需要修心,那我们要做的是谨遵医嘱,按时服药,而不是看着说明书过日子。

幸与不幸全在你

“人”字最好写，只需一撇一捺两笔即可完成。但做人却最难，因为人的一生不是一帆风顺的，总会经历各种不幸和失败。其实幸福与不幸、成功与失败、快乐与悲伤全靠人们自己去定义。如果司马迁被挫折击败，那么他就写不出辉煌巨著《史记》；如果贝多芬不在挫折中奋力拼搏，那么他就不会成为著名的音乐家；如果斯蒂芬·霍金在挫折中倒下，那么他就不会成为享誉全球的物理学家……

有一个杂技团招收了一个新徒弟，并为他安排了最好的教练。为了训练徒弟的基本技能，教练让他从最简单的走钢丝开始学起。

钢丝又细又长，徒弟虽然没有胆怯，却始终把握不好平衡。每一次走上钢丝，总是走不了几步就掉下来。一天过去了，徒弟无论怎么努力，无论怎样调整身姿，都无法避免最终的结果——从钢丝上掉落。最后，徒弟沮丧地坐到训练场上，完全没有信心再次站上钢丝。

这时候，一直站在旁边观看的教练走了过来，他拍了拍徒弟的肩膀，说道：“跌落是走得平稳的准备条件，就像失败是成功之母一样。”

徒弟听了教练的话，又鼓起勇气，爬上钢丝继续练习。教练看着他左右晃动的身体，指导说："迈开步子，一直向前走，直到你忘了脚下钢丝的存在。只有你忘了会掉落这件事，你才能真正学会这项技能。"在教练的悉心指导下，徒弟终于走出了"掉落"的困境，掌握了走钢丝的技巧。

我们的人生总会有顺境和逆境。顺境就像大海，平静可载物；而逆境就是大海中可以打翻船的波浪。人生之路，"十年河东，十年河西"。我们面对困难、挫折时不能抱怨、气馁、沉沦，更不能绝望，要知道逆境的反面就是顺境。只要你勇敢地面对困难，不逃避，就能"柳暗花明又一村"。有副对联写道："得意、失意，切莫大意；顺境、逆境，切莫止境。"

有人说，人生就是一部苦难史。其实，人生的幸与不幸全都掌握在自己的手里。如果懂得欣赏，荆棘丛中也能发现美景；如果不懂得欣赏，即便身处重金打造的花园中，也看不到百花的绚烂。

懂得放手

一位樵夫上山砍柴，刚到山上没多久，原本晴朗的天气突然下起了雨，而且越下越大。樵夫发现不远处有一个山洞，便匆匆进入山洞避雨。

山洞入口很狭窄，只能容一个人勉强通过，但洞内的空间很大。在好奇心的驱使下，樵夫拿出随身携带的打火石，点了一些干草照明。他发现在角落里杂乱地堆放着一些瓶瓶罐罐。洞外的雨丝毫没有变小的趋势，百无聊赖中，樵夫就开始一件件地查看那些器物。就在他翻看的最后一个瓶子里，樵夫发现了一块银子。他的眼前顿时一亮，赶忙将瓶子倒过来，希望可以倒出银子，但是瓶内的造型很独特，银子卡在中间的凹槽里，出不来。无奈之下，樵夫只好把手伸进去，抓住了那块银子。谁料想，等他抓着银子想把手拿出来的时候，却被卡在了瓶口。樵夫变换了各种角度，手却始终出不来，他急得满头大汗。

雨停了，樵夫的手还困在瓶子里。无奈之下，他只好趁天黑抱着瓶子下了山。

家人看到樵夫这个样子回来，都很吃惊。待樵夫说明事情的经过后，大家都想帮他把手拉出来。但由于手被瓶口卡的时间太长了，每拉扯一下，樵夫都特别疼。

为了能尽快将樵夫的手拿出来，也为了见识一下那块大银子，家人请来了村子里最有智慧的老人，希望他能够想出办法。

老人来了之后，查看了一下情况，建议将瓶子打碎。但樵夫不想让外人知道瓶内有银子，所以摇头不肯。时间一点一滴地过去了，在老人的一番询问下，樵夫最终道出了实情。而得知事情原委的老人只说了两个字：放手。

原来，樵夫把手伸进瓶内抓住了凹槽里的银子，由于紧握着拳头，所以无论如何也无法从狭窄的瓶口里出来。

学会放手是一件很重要的事情。很多感情的事就是由于一方不肯轻易放手，反而使得双方受到更大的伤害。其实，试着放开手，问题就能得到解决。

寻找自己的大海

有一群寄居蟹生活在海边的小水坑里。虽然不远处就是大海,但它们却从没想过要进入大海。小水坑临海,每次涨潮的时候,总有新的海水填进小水坑,给它们带来一点食物。但是涨潮有间隔,所以这群寄居蟹总是饥一顿饱一顿。在这种情况下,它们的身体很难发育,一个比一个弱小。

有一年,天气出现异常,大海很长一段时间都没有涨潮。寄居蟹们长时间忍饥受饿。最终,为了活下去,它们不得不爬出自己的小水坑,向大海爬去。

大海辽阔无垠,充满了美味的食物。寄居蟹们愉快地游荡在海水里,尽情地享用着丰盛的大餐,互相感叹说:“这里才是生存的天堂啊!”

广阔的空间和丰盛的食物让寄居蟹过得很滋润。不久之后,它们原本瘦小的身体都长成了盘子那么大。

异常的天气使寄居蟹们遭遇了生存的困难，但它们却应该感谢这场灾难。如果不是这样，它们一辈子也不会有爬向大海的想法。它们会继续挤在那个浅浅的水坑里，等待涨潮时海水送来的零星食物，在狭小的世界里混沌度日。

人类又何尝不是这样？虽然离大海很近，却总把自己局限在一洼浅水里。有人看到这个故事，不解寄居蟹为什么会留恋一洼浅水。但反观人类自己，我们留恋的“浅水”不也很多吗？一个食之无味、弃之可惜的职位，一位已经不爱却不舍得放弃的爱人……这些东西，与寄居蟹生存的小水坑有什么不同呢？

脱离令人窒息的生活很简单，我们只需跳出困住自己的“小水坑”，去寻找属于我们的“大海”。只有在大海里，我们才能更快地成长，拥有自己想要的生活。

井底之蛙目光难免短浅。我们不能满足于现状，应该去寻找有利于自我发展的广阔空间。

良药苦口

一位禅师在云游时收了两个徒弟,他带他们回到了山中的寺庙。进入寺庙之后,老禅师吩咐两位徒弟做各种事情,但他们总是不得要领,经常挨骂。

有一天,大徒弟找到禅师,向他讨教怎样才能把一件事情做得圆满,老禅师传授给他很多方法。对于师父的话,大徒弟每一句都熟记于心。可尽管他按照禅师指导的方法去做,禅师仍旧不满意,还是像以前一样骂他:“你怎么这么笨?你这么做,真是像个傻瓜一样。”大徒弟听见师父还是这样骂他,内心十分难过。他想:“我向师父请教了该如何做事,并按照他的指导尽力而为,没想到最后还是挨骂。人生如此,真的没有意义,索性离开这里,下山去吧。”

于是,大徒弟辞别禅师,下山去了。

二徒弟的情况跟大徒弟极为相似,甚至比大徒弟更糟。老禅师对他做的事情更加不满意,每次都骂他笨,骂他是傻瓜。

不同于大徒弟的是,二徒弟有不同的想法。每次被禅师骂,他总是会想:“我一定是做得很不好,师父才会这样骂我。他骂我笨,骂我是傻瓜,是在暗示我一定要努力改正。”他还联想到禅师收他为徒时说过的话——“世界上那些真正的傻瓜,将来一定大有所成。”二徒弟坚信自己将来一定会前途无量。尽管师父还是会骂他,但他一直不停地努力。无论做什么事情,想到自己的愚笨,他总会更加认真,更加脚踏实地。他一直很感谢师父对他的训示,做什么事情都不敢懈怠。

最终,二徒弟继承了禅师的衣钵,成为远近闻名的大禅师。

俗话说:“良药苦口。”受教于人时,很多人都经不起前辈的指责。同样的一句责骂,两个徒弟产生了两种不同的心态,从而有了两种不同的人生。只有懂得将别人的指责化为前进的动力,才能成就自己光彩的人生。

要黄金还是要毒蝎

张三和李四是邻居。张三心地善良，乐于助人，虽然自己过得清苦，但还是会时常接济那些需要帮助的人。

有一天，张三外出赶集，在回家的路上遇到一位腿脚受伤的法师。法师手捧一个旧钵，拖着受伤的脚，艰难地沿街行乞。张三是一个虔诚的佛教徒，素来尊敬佛门弟子。看到这位法师虽然受了伤，却还忍受着身体的疼痛践行佛法，张三敬佩不已。

于是，张三走到法师面前，虔诚地说："弟子名叫张三，今天在这里遇见法师是弟子的佛缘。我感动于您对佛法的精进修行，还请法师光临寒舍，接受弟子的诚心供养。"说完，张三双手合十，向法师拜了又拜。

看到张三虔诚有礼，法师微笑着点了点头，随着张三回到了他的家中。

张三对法师照顾得很周到，他请来郎中为法师治好了脚外伤，但是法师却落下了终生残疾。为了照顾好这位跛脚的法师，张三凡事亲力亲为，尽量满足法师的需要。

时光易逝，岁月如梭，一年的时间很快就过去了。法师觉得自己在张三家打扰得够久了，于是向张三辞行。听法师说要到其他地方云游学习，张三虽然想要挽留，但是明白法师去意已决，已无法阻拦。到了离别的那天，张三给法师准备了很多盘缠和食物，希望法师不至于忍饥挨饿。

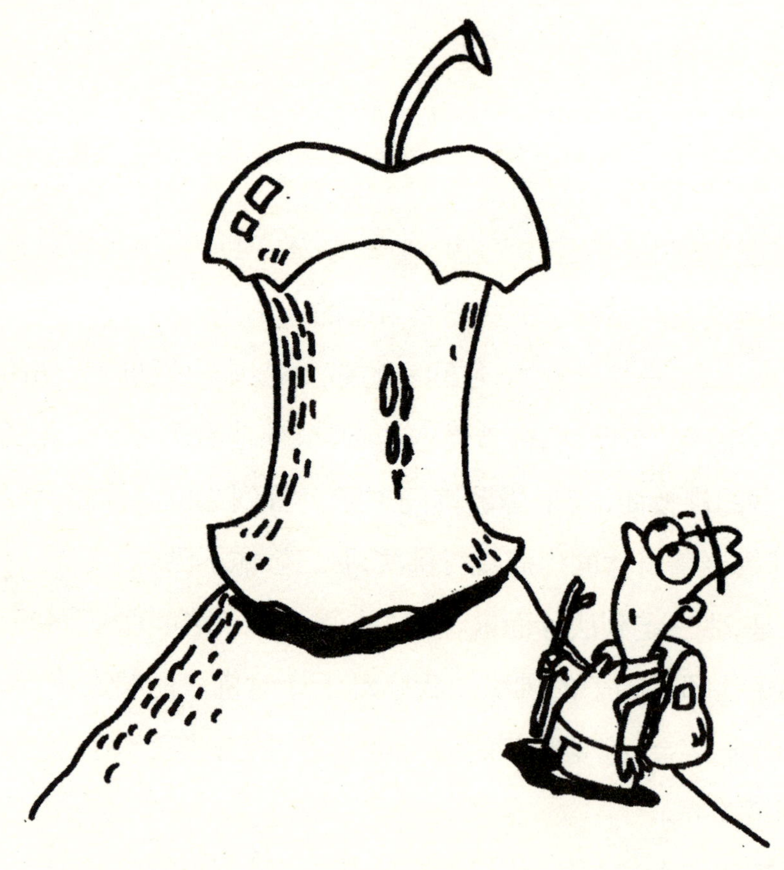

法师走后，张三去整理他住过的房间。在打扫的过程中，张三在床底下发现了一个箱子，箱盖上贴着一张纸条，上面写着：好人有好报。张三好奇地打开箱子，发现箱子里是满满的黄金。看着这一箱子黄金，张三却开始发愁了："这一箱金子，我该用在哪里呢？"思考片刻之后，他突然有了目标："既然是法师留下来的，我也应该用在佛门事业上。干脆请人建一座房屋，提供给那些云游四方的行脚僧居住吧！"

第二天，张三就找人动工了。听说张三要建一座房屋，李四纳闷了，他不明白张三怎么会在一夜之间暴富。于是他前去询问张三，才知道张三的钱是之前住在他家的跛脚法师留下来的。李四是一个贪图富贵，只知享乐的人，听到张三讲的事情之后，自己心里便开始盘算起来。

李四派出很多人，到处寻找那位跛脚法师。但一个月过去了，他没有得到丝毫消息。又一个月过去了，仍旧杳无音讯。李四开始着急了，他很担心自己的发财梦会泡汤。这天，李四正走在大街上，恰好迎面走过来一个和尚，他突然有了办法。李四找人把和尚抓了起来，打伤他的腿，然后把他接到了自己家里。

李四虽然找了郎中来替僧人看病，但是平日里对他却十分苛刻。和尚本想偷偷逃走，无奈李四看得很紧，他只得被软禁在李四家里。等到他的腿伤痊愈之后，李四呵斥着将他赶出了家门。

和尚走了之后，李四迫不及待地去检查他居住的屋子。正当他仔细搜寻的时候，突然觉得腿上一阵刺痛，李四低头一看，一只毒蝎子蜇入了他的腿部。剧毒很快传遍了全身，李四一命呜呼。

佛经云："若为乐故施，后必得安乐。"只有拥有真正的善心，才能得到真正的安乐。那些为了自己的贪欲而做出的伪善之举，只能给自己带来无尽的祸患。

孔子曰:“君子坦荡荡,小人常戚戚。”这“常戚戚”的小人也包括那些伪善之人。他们打着“善良”的旗号,却在行不义之事。最终害人害己,聪明反被聪明误。唯有存仁厚之心,方能得福缘之果。

助人即是助己

第二次世界大战期间，艾森豪威尔将军担任盟军在欧洲的最高统帅。有一天，一个紧急的军事会议要在总部召开，在外地办事的艾森豪威尔不得不乘车尽快赶回总部。

那是个极其寒冷的冬天，天空飘着鹅毛大雪，刮着呼啸的大风，他们开着车一路奔驰，希望能尽快到达总部。这么恶劣的天气，很少有人出来。但就在车子拐入一条公路上时，艾森豪威尔看到一对年老的法国夫妇互相依偎着坐在路边。寒风不断掀起他们厚厚的衣服，老夫妇脚下堆了厚厚的积雪，两人冻得瑟瑟发抖。

看到这一幕，艾森豪威尔毫不犹豫地命令停下车子。他让随行的翻译官下车去询问情况，然而一位参谋长却提议道："将军，我们必须按时回到总部参加会议，还是让他们等当地的警方前来救助吧，我们不能再耽误时间了。"艾森豪威尔将军说："这么冷的天气，他们又都上了年纪，等到警方赶来，恐怕他们早就冻死在这儿了。"于是，翻译官便下车前去询问情况。

原来，这对老夫妇居住的小镇在战争中遭到了破坏，他们不得不去投奔在巴黎工作的儿子。谁料想，车子在途中出了问题，走到这里便抛锚了。天气恶劣，这个地方又前不着村后不着店，他们只好站在路边等待援助。摸清情况之后，艾森豪威尔将军当即请他们上车，并答应把他们送到巴黎。虽然参谋长反对，但艾森豪威尔将军却坚持先去巴黎，再回总部开会。

艾森豪威尔将军原本只是单纯地想帮助一下这对可怜的老夫妇，并没想过要什么回报。然而，上天总会庇佑那些善良的人，艾

森豪威尔将军得到了意想不到的回报。原来,德国纳粹党早已探听到他们的行程,安排狙击兵预先埋伏在他们的必经之路上。这次暗杀活动设计得很周密,只要艾森豪威尔的车驶过他们的埋伏点,他们就有十足的把握能成功。如果艾森豪威尔将军没有坚持先把那对老夫妇送到巴黎,并因此改变了行车路线,那么恐怕他就躲不过这场暗杀了,第二次世界大战也可能会有不同的结果。

有一句话说得好:“人为善,福虽未至,祸已远离;人为恶,祸虽未至,福已远离。”其实,帮助别人,就是善待自己。心存善念,多行善事,定会有善报。是走进劫难的圈套,还是融入幸运的怀抱,全都掌握在自己的信念之中。

第六章

生命需要爱

◎ 心态决定生活
◎ 博爱的心
◎ 圣诞礼物
◎ 多一句赞美

世界的不变法则是“一分耕耘，一分收获”。多一份付出就多一份资本，多一份经历就多一份成功。然而有时候付出不一定就有收获，而失去也不一定得不到回报，因为失去不一定是损失，也有可能是一种美丽的奉献。

所有的前进、后退，顺境、逆境，付出、收获，快乐、烦恼，朋友、爱人、对手……加在一起就是我们五味杂陈的人生。

心态决定生活

一位老师准备去上课，但她的小儿子却一直缠着她买玩具。无奈之下，老师想出来一个办法。她找到一本有世界地图的杂志，将世界地图撕了下来，然后将地图剪成很多片，弄乱后放在桌子上，之后对哭闹的小儿子说："这是一张破碎的地图，如果你能拼好这张地图，我下班之后就带你去买玩具。"

儿子听后，抹干眼泪，安静地坐在凳子上开始拼接地图。老师原以为儿子得花费一个上午的时间才能拼好地图，就安心地准备好教案要去上课了。谁料想，就在她刚推开门准备走的时候，小儿子把用胶带粘好的地图拿给了她。

老师很诧异，因为儿子拼好地图，前后只用了不超过十分钟的时间。

老师看着那张丝毫没有差错的地图，十分不解孩子怎么能在这么短的时间内将这么多的小碎片拼接好。她好奇地问儿子："孩子，这么多的小碎片，你是怎么在十分钟之内拼好的呢？"

“妈妈,我拼的时候没有看那张地图。”儿子回答说。

这位当老师的妈妈更加奇怪了:“不看地图你怎么拼好啊?”

“我看到地图背面是一个人的照片,就按照人的样子把图片拼接起来了。拼好了他的照片,反过来不就是地图了吗?妈妈,如果这个人的照片拼接对了,那么地图也一定是正确的。”儿子认真地回答。

“儿子,你给妈妈上了很好的一课。”妈妈感叹道。

这个故事告诉我们,假使一个人是对的,那么他的世界也是对的。很多人都不满足于自己生存的世界,倾尽心力想要改变。其实,想要改变自己的生活很简单,只要你学会改变自己。一个人生活在怎样的世界取决于他对生活的态度。当一个人拥有积极乐观的心态时,他的世界就会充满幸福和快乐;当一个人拥有消极悲观的心态时,他的生活就会充满痛苦和忧伤。如果想让自己的世界变得光明,就先在自己的心里点亮一盏灯。

博爱的心

孔子在《礼记·礼运篇》中曾说："故人不独亲其亲，不独子其子，使老有所终，壮有所用，幼有所长，鳏寡孤独废疾者，皆有所养。"而孟子在描述他的理想社会时也说："老吾老以及人之老，幼吾幼以及人之幼。"从本质上来讲，儒家的博爱思想是一脉相承的。

其实，儒家思想的初衷就是提倡人们要有一颗博爱的心，因为这个世界本来就是和谐一体、双赢共存的。

有人曾用这样的比喻来描述"地狱"和"天堂"。在地狱里，一大群人围着装满美味的大锅，人手拿一超长的勺子取食，却因勺子太长而无法送到自己嘴里。而在天堂里，同样是一锅美食，同样是超长的勺子，不同的是，人们互相取食送到对方嘴里。仅仅因为这一小小的差别，地狱里怨气一片，而天堂中则笑声朗朗，幸福快乐。

其实天堂与地狱并不遥远，当你仅仅考虑个人利益时，身处的就是地狱；当你不仅考虑自己，还为别人着想时就会发现生活的天堂。

少一份对过去的执念，少一份对现在的纠结，少一份对未来的妄想，每时每刻都留一份爱心，就足以给自己创造一个和谐的世界。

一位富翁拥有美丽的别墅和奢华的香车宝马，但他始终觉得自己的生活缺少快乐。为此，他十分苦闷。他花大价钱请来了最著名的心理医生开导他，但心理医生也没能让他高兴起来。

最终,饱受压抑的富翁决定带着自己的财富去寻找快乐。但是,他走遍了大半个世界,依旧一无所获。

一天,他在一座山上发现了一座破旧的寺庙。寺庙里住着一位衣衫褴褛的僧人。僧人虽然生活清贫,但却总是快快乐乐、无忧无虑的。富翁觉得僧人一定拥有快乐的秘诀。于是,他便诚恳地向僧人请教。

僧人从禅座上站起来,带着富翁走到禅堂的窗前,指着窗外问富翁:"通过这扇窗,你能看到什么?"

"我看到层层叠叠的青山,一望无际的苍穹,还看到变幻多姿的白云。"富翁看着窗外回答。

接下来,僧人又将富翁带到了一面镜子前,指着镜子问富翁:"通过这个镜子,你能看到什么?"

"我看到了自己,我的脸上布满了烦闷和痛苦。"富翁忧伤地回答。

"窗户和镜子的差别,就在于镜子的背后涂了一层薄薄的银粉。透过没有银粉的玻璃,你看到了辽阔美丽的大自然,而透过涂上银粉的玻璃,你却只看到了自己。就是这层银粉,隔绝了你的视野。快乐,哪里有什么秘诀?只要你把那层银粉刮掉,就会看到不一样的世界。"

"世间很多东西都可以变成这层银粉,比如财富、地位、名利等。这些东西会让人忘了博爱,只把自己封存在一个狭窄的物质世界里,看不到自然的景色,也看不到美丽的人生。"僧人平静地说。

“原来,这就是我一直想要寻找的快乐秘籍!”富翁听后豁然开朗。

有人说:“心有多大,世界就有多大。”当一个人的心变得博大的时候,世界也会随之变大,留给快乐的空间也便更大。

圣诞礼物

保罗很喜欢玫瑰花,他在自家的院子里建了一个小型的花房。圣诞节到了,保罗种植的玫瑰开花了。玫瑰的香气沁人心脾,保罗打算剪下几枝插在屋子里的花瓶中。

就在保罗回房拿剪刀的时候,一个小女孩悄悄走进了院子里的花房。当保罗再次回到小花房的时候,正好撞见小女孩摘了几朵玫瑰准备离开。看到突然出现的保罗,小女孩惊慌地把手里的玫瑰藏在了身后。

玫瑰是保罗经过辛勤劳作精心培育出来的,没想到有人却想轻而易举地偷走他的劳动成果。保罗十分气愤,他大声地责问小女孩:“你怎么能不经允许闯入我的花房?”

小女孩低着头,轻声地说:“先生,对不起……”

“你为什么要偷摘我的玫瑰?”保罗生气地打断小女孩的道歉。

“先生,我可以付给您一些钱。”说着,小女孩向保罗伸开了一只手,手里边是一些零碎的钞票。

保罗摆摆手，说道："小姑娘，我这些玫瑰不是拿来卖的。我不要你的钱。"

听到保罗说不收自己的钱，小女孩突然哭了起来："先生，我本来是要用这些钱给妈妈买圣诞礼物的，但是商店的人说这些钱不够。我回家的时候，闻到了花香，看到了您花房里的玫瑰花。妈妈很喜欢花，但是她不方便出来，我就想着摘几朵给她带回去。先生，我本来是准备把这些钱给你留在这里的。我不能出来太长时间，还要回去照顾妈妈。"

小女孩对母亲的爱深深打动了保罗，他不再生气，温柔地对小女孩说："当作圣诞礼物吗？这是花儿们的荣幸。"时间已经很晚

了，保罗不放心小女孩自己回家，于是拉起小女孩的手说：“咱们去剪一大束玫瑰花，一起拿去送给你妈妈，好不好?”小女孩抹干眼泪，开心地点了点头。

两人很快便剪好了一大束玫瑰花。保罗捧着玫瑰花随着小女孩回家了。到了小女孩家里，她的妈妈正在焦急地等女儿回来。这时候保罗才发现，小女孩的妈妈不但需要坐在轮椅上，而且还是一个盲人。

小女孩把花递给妈妈，开心地说道：“妈妈，这束花是这位好心的先生送给您的圣诞礼物。”妈妈捧着手里的花，对保罗说了很多感谢的话。

保罗走的时候，小女孩送给他一瓶子的幸运星，希望它们可以给善良的保罗带来好运。回家的路上，保罗觉得这是他过得最有意义的一个圣诞节。

人生之中，有时候给予比得到收获的更多。当你紧握拳头的时候，只能抓住一方小天地；当你展开双手的时候，却可以拥有整个世界。

多一句赞美

甲、乙两个朋友共同搭乘一辆出租车，下车的时候，甲对开车的司机说："司机先生，看到您贴在前边的个人信息，我已经记住了您的名字。"

司机听了急忙问道："我有什么让您不满意的吗？"

甲摇摇头说："您误会了，坐您的车我感觉十分舒适，我是想有机会的话还可以再次乘坐您的车。"

"原来是这样。"司机笑了笑，开着车离开了。

"你为什么对他说这些话？"乙不解地问道。

甲边走边回答："你看这个城市，虽然看起来很热闹、很繁华，但是却充满了冷漠，我只不过想为这个城市增加一点儿人情味而已。"

"你的想法是很好，但是仅靠你一个人的力量，拯救不了整个城市。"乙说。

"我当然知道，但是人人都像你这么想的话，那更救不了这个城市。”甲继续说道，“我这样做，是希望可以起到一个带头的作用。我赞美了司机，司机就会有一个愉快的心情，然后他就会和善地对待乘车的乘客。这些乘客受到司机好情绪的影响，也会友好地对待自己接触到的人。这样一来，一传十，十传百，不也能达到不错的效果吗？”

“但是司机不一定就能用你预想的态度来对待每一位乘客啊？”乙问道。

“当然会有这种情况,所以我会尽量多地赞美身边的人,即便一天只能给一两个人带来好心情,也会产生不错的影响。”甲乐观地说。

乙却表示不赞同:“你的理论很不错,但是对这个城市而言,不一定会有效果。”

“那有什么关系呢?我们双方没有什么损失,我只是随口一说,司机也不会少收到钱。即便对他没有产生什么效果,我还可以称赞遇见的下一位司机啊。”甲仍旧很乐观。

乙笑着说:“我觉得你的想法很天真。”

“你看,你也跟着这个城市变得冷漠了。我曾问过一些从事服务工作的人,让他们感到沮丧的,不只是微薄的薪水,还有别人对他们工作的否定。”

“这怪不得别人啊,有些人的服务确实很差劲。”

“正是因为觉得没有人在意他们的服务,他们才会越来越差。所以,我们应该给他们多一些鼓励。”

甲、乙继续走着,路上遇见了几个农民工。甲指着面前的大楼说:“这栋楼建得真好,你们真是能工巧匠。什么时候竣工啊?”

那群工人疑惑地看着甲,说:“再有两个月。”

“这个城市因为有了你们,才变得这么漂亮!”甲赞叹说。

工人离开之后,乙说:“恐怕整个城市就只有一个像你这样的人了。”

“如果这些赞美可以给他们带去对工作的热情,我们又何乐而不为呢?”甲问乙。

“但是我们的力量有限，我们也只不过是不起眼的小老百姓而已啊。”乙再次提醒甲。

“于我而言，即使只能让一个人感到快乐，我也愿意去做。抵抗冷漠，原本就不是一件简单的事，所以我不能泄气。”甲坚定地说。

这时，迎面走来一个长相普通的姑娘，甲对她微笑颔首。乙指着走远的女孩，说：“你对每个人都会这么微笑吗？”

“是呀，也许我能带给她向喜欢的男孩子表白的勇气呢！”

多一句赞美，世界就会多一份爱。用爱驱走世界的冷漠，才会让自己沐浴在温暖的阳光下。

第七章

你要什么样的人生

一天,阎罗王在审判堂上指着两个小鬼说:“我现在要派你们两个到阳间投胎转世。到了那里,你们就是兄弟。但是,做哥哥的要专门给人布施,做弟弟的则只接受别人的给予。你们谁愿意做哥哥?谁愿意当弟弟?”

两个小鬼仔细地思考了一番,其中一个小鬼说:“我愿意做那个只接受别人给予的弟弟。”于是,另一个小鬼则做了专门给人布施的哥哥。

两个小鬼投胎之后,哥哥成了一个大富翁,弟弟也家境殷实。哥哥处处帮助别人,时时行善布施。正所谓“舍得舍得,有舍才有得”,哥哥越来越富有。而弟弟却只知道接受别人的给予,不懂得自己去努力,天天等着别人施舍给自己,因而越来越穷。

这个小故事告诉我们,懂得给予才能拥有富贵,只懂接受将会导致清贫。所谓贫穷、富贵,并不在于拥有金钱的多少,而在于精神是否富足。有些人有助人之心,一直帮助那些需要帮助的人,那么他就是富有的;而有些人虽然家财万贯,仍追求更多的财富,永远不懂满足。这样的人,就算拥有的财富再多,精神上也是贫穷的。

人生富贵贫穷的标准,在于人的心灵。心有满足,则富有;心存感恩,则富贵;心怀乐善,则富足。

酋长的女儿

在非洲广阔的大草原上有一个部落，部落酋长有三个女儿。大女儿和二女儿长得很漂亮，而且聪明能干。两人刚到该出嫁的年龄时，就被人家用九头牛的聘礼娶走了。在这个部落里，牛是很值钱的东西，九头牛是最高级别的聘礼。

三女儿跟她两个姐姐的差距实在是太大了。她不但长得一点儿也不漂亮，而且还十分懒惰。到了出嫁的年龄，没有一个人愿意娶她。为此，酋长忧心忡忡，还觉得很没有面子。

后来，一个从远方部落来到此地做生意的商人听说了这件事，就找到了酋长，表示自己愿以九头牛为聘礼来娶他的第三个女儿。终于有人愿意娶自己的小女儿了，酋长很高兴，便将小女儿嫁给了这位远方而来的商人。

几年过去了，酋长决定去看望一下自己的小女儿。

出人意料的是，这个曾经无比懒惰的小女儿，竟亲自下厨做了一桌子的美味佳肴来款待父亲。更加令人惊奇的是，这位曾经被大家嫌弃的丑女，竟然变成了一位气质超俗的漂亮女子。这些变化，让酋长几乎认不出自己的女儿了。

趁女儿不在的时候，酋长偷偷地问女婿："你是魔法师吗？你怎么把我的小女儿变成这个样子的？"

女婿笑笑说："我哪里会什么魔法啊，从我以九头牛作为聘礼娶了您的女儿那刻起，我就一直坚信她值九头牛的价值，她这么长时间以来也一直以这个价值标准要求自己，按照这个标准去做，仅此而已。"

其实，在婚姻生活中，心理暗示的作用很奇妙。当你暗示对方是什么样子的时候，他无形中就会按照这种暗示变成那个样子。假如一方总对自我不满意，那么也往往真的会让对方觉得自己没有什么魅力；假如总是彼此抱怨，那么二人的世界里也就充满了冷漠，婚姻便逐渐走向破裂。与此相对地，学会真挚地赞美你的爱人，你就会看到对方在悄然地变化，也会得到自己想要的婚姻生活。

珍惜当下

有一个年轻人通过应聘成为一个动物园的饲养员，负责饲养河马。老饲养员对他说："不要喂河马太多的食物，不要怕它饿着，以免它长得慢。"这真的是最奇怪的劝诫了。

年轻的饲养员心里非常纳闷。他心想，世界上怎么会有这样的事情，为了让动物长得快而不喂过多的食物。他觉得一定是老饲养员在戏弄自己，如果听他的，自己可能会因为没有喂养好动物而被辞退。于是，他没听老饲养员的话，拼命地喂他的那只河马，在河马的笼子前堆满了食物，来参观的人不时地赞扬他的仁慈和善意。

但是过了一段时间之后，他发现自己养的这只河马真的长得很慢，而老饲养员不怎么喂的那只河马却飞快地成长。他怀疑自己的这只河马身体素质不好。

于是，他跟老饲养员商量着交换一下河马，老饲养员痛快地答应了。他高兴地接手了老饲养员养的那只健康状况良好的河马，并依然按照以前的方式喂养。谁知道过了不久，自己原来那只不怎么长的河马居然超过了现在喂养的这只河马。

看着年轻饲养员迷惑不解的样子，老饲养员解释道："你喂养河马的时候，总担心它没有食物吃，所以拼命地去喂它。河马觉得自己不缺食物，所以不把食物当回事，自己也不去好好吃，当然长得慢。我喂养的时候，总是让河马处在食物缺乏的状态下，所以它珍惜获得的每一份食物，在这种状态下它反而长得很快。"

在日本的动物园里也发生了类似的事情。

有一位负责饲养猴子的饲养员，每次喂猴子的时候，他总是把食物放在一个树洞里。由于在树洞里的食物猴子很难吃到，为了填饱肚子，它们想尽各种办法去吃，甚至学会了用树枝去树洞里取食物。

很多前来参观的人对饲养员的这一行为感到不解，觉得他不应该这样对待猴子。

饲养员却说："我们喂养的食物猴子们不怎么喜欢，如果直接放在它们面前，它们就会没有胃口。只有利用这种方法，才能调动它们吃东西的积极性。只有让它们费尽心机地把食物挖出来，它们才会高高兴兴地去吃。食物越难拿到，它们就越努力，也越珍惜获得的食物。"

唯有珍惜当下，才能获得幸福。对于河马来说，短缺的食物让它珍惜；对于猴子来说，隐藏起来的食物让它珍惜。它们都知道珍惜当下，知道怎样更好地度过眼前。河马从不考虑明天会否有足够的食物，猴子也从来不去想会不会有轻易就能拿到的榛果。但对于眼前的食物，哪怕不合口味，它们也倍加珍惜。正是这种珍惜当下的精神，使它们将劣势转化成了优势。

泡沫山的故事

在一片临海的森林里，住着500只猴子。森林的面积很大，有足够的空间供猴子们玩耍。这些猴子每天游荡在森林里，自得安逸，快乐悠闲。

有一天，一只猴子在海边的沙滩上玩耍，偶然间看到在不远处的海平面上，有一座泡沫聚集起来的白色大山。

猴子坐在沙滩上看着不远处的泡沫山，想："我们一直生活在这片森林里，即便它很大，我们也差不多游遍了，要是能到那座山里边去玩一玩，一定既新奇又刺激。"

这只猴子回到森林中，将自己的这一重大发现告诉了其他猴子。有一只很强壮的猴子勇敢地说："你们等着，我明天就去一探究竟。"

第二天，那只勇敢的猴子就在大家期待的目光下跳进了海里，向着那座泡沫山游过去。

很长时间过去了，那只猴子一直没有回来，大家都觉得很奇怪，于是就商议说："它没有回来告诉我们情况，一定是因为那座山很好玩儿，一时乐不思蜀了。这种好事不能让它独享，我们应该一同过去享乐。"

接着，这群猴子就都跳进了海里，游向了泡沫山。然而，等待它们的却是灭顶之灾。

我们生活的这个世界，充满了各种各样的诱惑，它们就像故事里的那座泡沫山，而我们就是那群充满好奇心的猴子。我们不满足于现实，不顾一切地跳入虚幻中，在灯红酒绿里淹没自己；我们游荡在欲望的深海里，被危险追逐，被死亡围困，却没有办法挣脱。

如果这群猴子能收住自己的贪欲，不被新奇的世界所引诱，就能逃过死亡的厄运。就人类来说，如果能抵挡住金钱的诱惑、名利的旋涡、权力的引诱，就能够避开那些吞噬生命的人生沼泽。

院子里有一个捕鼠器

一只老鼠在到处寻找吃的东西。它通过墙壁上的一个洞，看见屋子里的农夫和他的妻子正在打开一个包裹。包裹大大的，而且布还是新的。老鼠心想里边一定装满了好吃的东西，于是充满期待地从洞里偷窥着。

慢慢地，那个包裹被打开了。突然，一个捕鼠器从包裹里掉了出来，老鼠看见以后，吓得匆忙逃跑了。

老鼠回到农场里，四处奔跑，不停地发布警告："农夫将一个捕鼠器放到屋子里了！农夫将一个捕鼠器放到屋子里了！"

鸭子听见了，继续在水塘里捕捉小鱼，头也不抬地对老鼠说："抱歉啊，老鼠先生，这对你来说是危险，和我倒是没什么关系，这个烦恼还是你自己解决吧。"

老鼠遇见了羊，同样给它发出了这样的警告。羊躺在草坪上晒太阳，同情地对老鼠说："可怜的老鼠先生，这下你的处境危险了，我虽然对此无能为力，但一定会为你的安全祈福的。"

接着，老鼠又遇见了吃草的马，它继续向马发布着这一警告。马不屑地问："捕鼠器？它能对我造成什么影响吗？"

在农场转了一圈的老鼠回到了自己的住所里，心里十分沮丧，不知道该用什么方法应对农夫的捕鼠器。

这天夜里，就在老鼠发愁的时候，农夫的妻子听到捕鼠器发出响声，赶忙起身去查看。谁料想，捕鼠器夹住的是一条毒蛇，农夫的妻子在黑暗里没有看清，被毒蛇咬伤了。幸好农夫及时发现，把妻子送到了医院里。虽然暂时捡回来一条命，但是农夫的妻子却发烧了。

为了更好地让妻子养病，农夫把喂养的鸭子杀了，给妻子炖了老鸭汤。但是，农夫妻子的病并没有好转。转眼间，农忙时节就到了，亲朋和乡邻们都来轮流帮忙。为了款待他们，农夫把自家的那只羊也宰杀了。农忙结束，农夫妻子的病开始恶化，不久便去世了。亲朋好友来参加她的葬礼，农夫只得又杀了家里的那匹马来招待他们。

不要说“各人自扫门前雪，莫管他人瓦上霜”，也不要说“事不关己，高高挂起”。要知道，一个捕鼠器，威胁到的不仅仅是老鼠，它关系到整个农场所饲养动物的安危。

修得一颗金子般的心

从前，有一群泥人，他们都期待能寻找到永恒不灭的天堂。

一天，上帝来到了泥人的部落，对这群泥人说：“如果谁可以穿过我指定的那条河，我就会赐给他一颗金子般的心，并且让他进入永恒不灭的天堂里。”

上帝指定了一条叫作“苦难河”的河，让泥人们从里边穿过去。但是，好长时间过去了，泥人们望着那条脏兮兮的河，都没有下水的勇气。

终于，有一个瘦小的泥人站在了上帝的面前，他自告奋勇地对上帝说：“我愿意去试一试。”

听到瘦小泥人的话，其他泥人都很惊奇，他们纷纷劝告说：“那可是条河，河里边都是水，而你是泥人啊！别做梦了，当你跳下去的时候，你的身体就会一点点地融化，走不到对岸你就会消失了。到时候，你不但会成为鱼虾的食物，说不定还会变成河床上一粒不起眼的尘埃。”他们都努力让小泥人放弃过河的想法。

但是，小泥人却下定了决心，他不想一辈子都做一个小小的泥人。他渴望得到上帝的那颗金子般的心，希望可以生活在永恒的天堂里。于是，他踏进了那条“苦难河”里，一步一步地往深处走去。

水，逐渐淹没了小泥人的身体，他能感觉到自己的身体在一点点地消失。肮脏的河水包围着他，令他作呕。每往前迈一步，小泥人都觉得很艰难。但是，他不能后悔，因为即便他返回岸上，他的身体也已经残缺不全了，也回归不到以前的生活了，于是他只好选择继续前行。

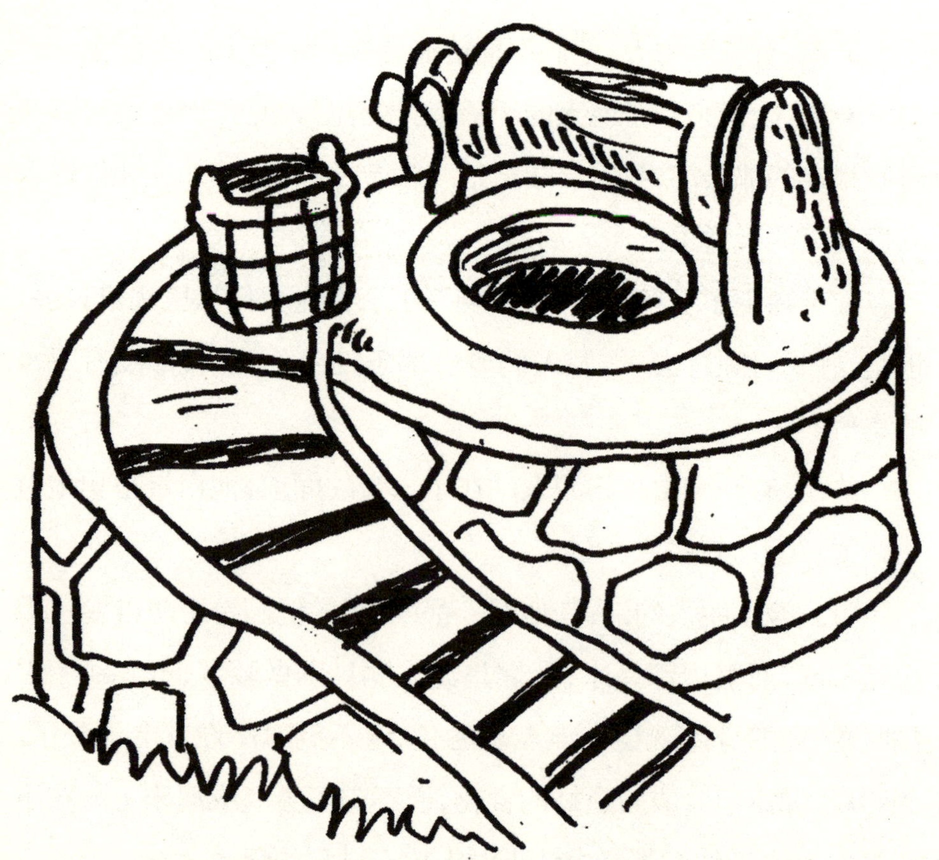

偌大的一条“苦难河”里，只有小泥人一个孤单的身影，他的心里充满了恐惧，但他仍倔强地向前走着。河很宽，河水很脏，小泥人觉得自己好像永远到不了对岸。他看着自己逐渐融化在水里的身体，心想自己没有机会得到上帝赏赐的那颗金子般的心了，更没有机会到达那个永恒不灭的天堂了。

他很希望上帝出现在自己面前，告诉他自己已经通过了测试。但是，这个时候，上帝说不定在喝茶赏花呢，哪有时间顾及自己的安危。他放弃了泥人安稳的生活，选择为梦想而牺牲。但是，现在恐怕连泥人也做不了了。

想着自己的生命即将结束，小泥人伤心地哭了。泪水划过脸颊，冲掉了脸上的皮肤。为了让自己的生命延续得更久一点儿，小泥人忍住眼泪，一点点地吞进了肚子里。

苦涩的眼泪激励着小泥人前进的脚步。他被吞噬的身体融化在水里，吸引了众多鱼虾前来啄食。小泥人已经很虚弱了，即便一个小小的浪头，也能让他摇摇欲坠。小泥人知道，自己绝对不能被浪头打倒。因为一旦倒下，他就会与肮脏的河水为伍。于是，他咬牙坚持着，一点点地挪向彼岸。

不知道过了多久，就当小泥人感觉自己生命将尽，已经开始绝望的时候，他突然发现自己已经到达河对岸了。

彼岸就是那个永恒的天堂，像梦境一样美丽，上帝就站在丛丛鲜花里向他招手。小泥人十分激动，他赶快爬上岸，准备踏入天堂。但是，他突然想起肮脏的河水弄脏了自己的衣服，直接走过去会玷污了纯净的天堂。然而，当他低下头看自己的衣服时，却发现,除了那颗金灿灿的心,他的躯体已经不存在了,那双一直带着他看世界的眼睛,就长在心里。

人生,就如同这条“苦难河”,我们都是过河的小泥人。只有毫不犹豫地前进,才能收获一颗金子般的心;只有锲而不舍地努力,才能到达梦想的天堂。

生命的清单

一天，医院里同时来了两个病人，他们都是鼻子不舒服。两人同时进了化验室，在等化验结果的时候，他们开始聊天。

甲先问乙："假如化验结果是癌症，你有什么打算？"

乙回答说："应该是去旅行吧。"

甲点点头，说道："我也这么想。如果结果真的是癌症，我就先去一趟西藏，然后再去世界上的其他国家，感受一下不同的文化氛围。"

不久，化验结果出来了。甲果然得了鼻癌，而乙却十分幸运，只是得了鼻息肉。医生建议甲尽快住院接受治疗，但是甲拒绝了。他回到家里，给自己列出了一张旅行计划表，然后背着行囊就出发了。而乙却听从医生的劝告，住在了医院里。

甲按照自己的计划，先去了一趟敦煌，浏览了那里的飞天壁画；然后去了一直向往的西藏，见识了布达拉宫的庄严肃穆；之后去了北京，感受到了天安门的威严霸气。这期间，他还读完了自己一直想看的那些书。在旅行途中,他悟出了很多人生道理,他还准备把自己的所见所闻所想写成一本书。

对于甲来说,他一直觉得自己还有很多梦想没有实现。上天剥夺了他的健康,使他没有更多的时间去实现梦想。在生命仅剩的岁月里,为了不给自己留下遗憾,他要用这短暂的时间,去实现那些他最迫切的愿望。

一天,乙在一张报纸上看到有关甲的信息,于是他找到甲的联系方式,询问甲的身体情况。甲很兴奋地告诉乙:"真不敢相信我已经走过了这么多地方。我应该感谢这场病,如果不是它,我的人生该多么的无趣。正是这场病,让我意识到应该去做自己想做的事,让我有勇气去实现自己的梦想。当我经历过这些东西之后,我才真正体会到了生命的价值。”接着,甲问乙:“我们分别之后,你过得应该也不错吧?”

乙却没有回答,从化验结果出来的那一刻起,他就已经把自己说过的要去旅行的话抛在了脑后。这么长时间以来,他仍旧被束缚在忙碌生活的牢笼中。

每一个人,从出生的那一刻开始便注定要走向死亡。因为总觉得自己的生命还有很漫长的时光,所以人们总是不能像那位癌症患者一样,欣赏自己想欣赏的风景,做自己想做的事,实现自己想实现的梦想。对于癌症患者来说,他生命剩余的时光是少于健康人的。然而,正是这一点量的区别,才使他的生命和一般人有了质的不同:他把自己的梦想变成了现实,而我们却将梦想带进了坟墓。

假如你有 500 毫升水

有一位著名的演说家，他的每一场演讲会都座无虚席，每一次演说他都充满了激情，每一个主题他都能论述得环环相扣、入情入理，他的见解和思辨能力总能使台下的听众欢呼一片。不仅如此，他还懂得如何与听众互动，引导听众进行思考，以此来增加演说内容的影响力。

有一次，这位演说家要引导人们找到最大限度发挥自己才干的方法。演讲一开始，他先向大家提出了一个问题：假如你拥有 500 毫升水，你最想把它储存在哪个容器里？可选择的容器包括杯子、瓶子、碗、盆子、水桶、水池。

问完之后，演说家给了众人足够的时间供他们思考。最后，大约 30% 的人选择了盆子、水桶和水池，剩下的人选择了杯子、瓶子和碗。接着，演说家让作出两种不同选择的人分别陈述自己的理由。选择盆子、水桶和水池的人认为：只有让这些水融入到更大的空间里，才有机会派上大用场。而选择杯子、瓶子和碗的人则觉得，这些水应该储存在合适的空间里，因为只有放在合适的地方，才能最大限度地发挥已有的价值。

听完大家的回答,演说家笑着说:“大家明白我问这个问题的用意了吧?”

有人回答道:“您的意思就是,这 500 毫升水代表的是一个人的才学和能力,那些列举出来的容器就代表发挥才学和能力的地方。”

演说家点了点头:“根据大家的回答可以看出,有的人心存远大的志向,有的人则比较求真务实,这些都是很好的。但是,选择前者的人有没有想过,这仅有的 500 毫升水,在你们所选择的那些大容器里,根本就毫不起眼,会被吸收或者蒸发掉。在我看来,我们应该先学会积累。当你拥有更多的水时,再去大的空间,才是更加明智的选择。这仅有的 500 毫升水,还是让它在合适的小空间里发挥价值吧。”

说完,演说家又向大家提出了第二个问题:“既然我们决定了选小的空间,那么是杯子、瓶子还是碗呢?”

这个问题的结果是:30% 的人选择了杯子,50% 的人选择了瓶子,剩下 20% 的人选择了碗。选择杯子的人认为:正所谓“水杯”,杯子本来就是用来盛水的,将水盛于杯子中,便于发挥才能;选择碗的人觉得:把水盛在碗里,就可以大口大口地喝,这样才能尽情地发挥自己的才华;选择瓶子的人则认为:大部分的饮料瓶都是 500 毫升的容量,恰好可以容纳这 500 毫升的水,而且瓶子可以随身携带,当你渴了的时候,随时都可以喝一口,这样能真正地让才学和能力发挥到极致。

演说家说:“让我选择,我也会选择瓶子。当你需要的时候就能够拿来用，这才是能力发挥的最高境界。你在生活中所积累的知识和能力，只有能够随时听候你的调遣，才是我们所说的‘实用’。但是，很少能有人达到这种境界。对于很多人来说，不是没有才学，也不是没有能力，只是不懂得如何把自己调整到最佳的状态。”

一个人的潜力是无限的，只要选择好适合自己的环境，懂得把自己调整到最佳的状态，下一个登上成功宝座的人就是你。